智能视觉信息处理关键技术

杨红红　著

陕西师范大学优秀学术著作出版基金资助

科学出版社

北　京

内 容 简 介

在大数据时代背景与人工智能技术浪潮的推动下，基于视频图像处理的信息技术凭借其生动、形象、直观的特性，以及易于获取的优势，实现了广泛的应用。作为计算机视觉研究领域的核心分支，智能视觉信息处理技术研究内容涵盖图像处理、模式识别、机器学习和人工智能等多个学科，不仅具有显著的学术价值，而且展现出巨大的应用潜力。全书共六篇，介绍基于视频图像处理的人体行为轨迹估计与跟踪、2D 人体姿态估计、3D 人体姿态估计、舞蹈姿态估计与对比分析、汉字字体自动生成以及应用研究。本书中的模型和方法可以扩展至众多基于视觉信息处理技术的应用场景，以提供理论参考、方法借鉴和技术支撑。

本书既可供计算机科学与技术领域的研究人员参考，又可以作为文化科技融合、科技教育融合研究领域的参考资料。

图书在版编目（CIP）数据

智能视觉信息处理关键技术 / 杨红红著. -- 北京 ： 科学出版社，2025. 4. -- ISBN 978-7-03-080497-6

Ⅰ. TP302.7

中国国家版本馆 CIP 数据核字第 202448Z7T8 号

责任编辑：宋无汗　郑小羽 / 责任校对：高辰雷
责任印制：赵　博 / 封面设计：陈　敬

科学出版社 出版
北京东黄城根北街 16 号
邮政编码：100717
http://www.sciencep.com

北京天宇星印刷厂印刷
科学出版社发行　各地新华书店经销

＊

2025 年 4 月第 一 版　开本：720×1000　1/16
2025 年 10 月第二次印刷　印张：14
字数：277 000

定价：155.00 元
（如有印装质量问题，我社负责调换）

前　言

随着深度学习和计算机视觉技术的飞速发展，视觉信息处理技术已成为人工智能和计算机科学与技术中不可或缺的组成部分。智能视觉信息处理技术整合传统计算机视觉方法与新兴深度学习技术，具有广阔的研究空间。本书重点研究基于视频图像处理的单/多目标跟踪算法、人体姿态估计算法和汉字字体自动生成算法等。通过探讨这些关键技术的进展、核心算法和实际应用，为读者提供一个全面而深入的研究视角。本书的部分彩图可扫描封底二维码查看。

第一篇是人体行为轨迹估计与跟踪研究，包括第 1~4 章。作为计算机视觉领域的核心问题之一，人体行为轨迹估计与跟踪在计算机视觉处理系统中起承上启下的作用，是特征提取、目标检测等底层视觉技术进一步处理的结果，同时为行为识别、语义理解等高级的事件分析提供输入信息。本篇内容对单人、多人目标轨迹估计与跟踪算法进行研究。针对单人目标跟踪问题，提出基于多特征级联稀疏表示的目标跟踪方法、基于目标性度量学习的加权多示例跟踪方法与基于压缩感知尺度自适应的多示例交通目标跟踪方法，充分发挥不同特征描述目标外观的互补特性，解决多特征融合过程中的信息冗余与干扰问题，以及相似目标在轨迹估计过程中的干扰问题；针对多人目标跟踪问题，提出基于特征学习轨迹置信度计算的多人目标跟踪方法，解决复杂场景中目标遮挡、漏检、误检等造成行为主体运动轨迹无法准确估计与跟踪的问题。

第二篇是 2D 人体姿态估计研究，包括第 5、6 章。人体姿态估计是图像智能分析领域的核心问题之一，高效且精确的人体姿态估计是行人重识别、行为分析、人机交互得以顺利开展的重要基础。本篇对多人姿态估计方法进行研究，提出基于多尺度特征学习的多人姿态估计算法和基于序列多尺度特征融合表示的层级舞蹈动作姿态估计算法，通过设计基于注意力机制的多尺度特征融合模型和尺度感知的关节点回归模型提高算法对尺度变化的鲁棒性，从而提升关节点估计的准确性。

第三篇是 3D 人体姿态估计研究，包括第 7、8 章。作为计算机视觉领域的前沿研究方向之一，三维人体姿态估计(3D HPE)已在多个领域显示出应用潜力。该技术在行为识别、异常行为监测、人机交互和智能视频分析等方面，均展现出其重要性和广泛的应用前景。三维人体姿态估计是社会服务领域研究中的关键技术，可以帮助理解人类行为的目的和类型。例如，利用人体姿态估计技术检测老年人的日常行为可以为医疗决策与快速干预提供依据。又如，健身、舞蹈、体育都面临一个共同的问题，即教员的稀缺，自行训练很难达到满意的效果且很容易受伤，将人体姿态估计相关技术应用到这些领域可以解决这一问题。本篇提出基于时空注意力机制的 3D 人体姿态估计模型和基于平行多尺度时空图卷积网络的 3D 人体姿态估计模型，解决遮挡、深度模糊等因素对 3D 人体姿态估计的影响。

第四篇是舞蹈姿态估计与对比分析研究，包括第 9、10 章。尽管人体姿态估计已经成为计算机视觉研究领域的热点之一，但是传统舞蹈动作姿态估计方面的应用研究尚处于起步阶段。由于舞蹈图像中人体动作复杂多变、舞蹈动作连贯性强、舞蹈者存在严重遮挡不易检测等特点，传统人体姿态估计方法难以准确估计舞蹈者的动作变化，舞蹈动作姿态估计准确率较低。本篇提出基于姿态估计的舞蹈动作相似度计算模型，实现在舞蹈教学场景下对师生行为细粒度、高精度、大规模、智能化的分析，利用人工智能与舞蹈学习深度融合的智能教育，缩短师生之间"教"与"学"的距离，为舞蹈教学提供新的教学方式和手段。

第五篇是汉字字体自动生成研究，包括第 11 章。汉字是全世界最古老的文字之一。由于汉字数目庞大且笔画空间构型特殊，因此汉字字体设计和生成存在巨大困难。低效的手工设计，难以满足文化教育、娱乐传媒和商业等领域的用字需求。丰富和完善汉字字体对文化传承、教育治学具有积极意义。为了让书法作品更好地保存和发展，更易于人们接触和了解，本篇受姿态估计研究的启发，对汉字字体自动生成方法进行研究，提出一种基于骨架信息的汉字字体生成方法，为利用智能视觉信息处理技术对汉字字体进行生成和保存提供技术支持。

第六篇是应用篇，包括第 12 章。本篇积极思考如何通过将人工智能算法与传统文化教育相结合，创新文化的传承与体验方式，更好地服务于文化传承与传播。将本书涉及的模型研究与实际应用结合，对涉及的目标跟踪模型、姿态估计模型、汉字字体自动生成模型进行相应的开发，如开发了舞蹈动作相似度计算与对比分析平台、人工智能传统文化"活化"交互平台和人工智能数字书法创作交互平台，进行示范应用研究。

衷心感谢陕西师范大学优秀学术著作出版基金、国家自然科学基金项目(62377034)、文化和旅游部重点实验室资助项目(2023-02)等对本书的大力支持，使得作者能够深入探索智能视觉信息处理领域，并取得一系列成果。同时，感谢现代教学技术教育部重点实验室、陕西师范大学教育学部，以及民歌智能计算与服务技术文化和旅游部重点实验室对本书出版给予的大力支持。最后，感谢陕西师范大学智能感知与先进计算研究中心吴晓军教授、张玉梅教授等各位老师，以及博士研究生和硕士研究生对本书撰写提供的帮助。

　　由于作者水平有限，书中不妥之处在所难免，敬请读者批评指正。

作　者

2025 年 1 月

目　　录

第一篇　人体行为轨迹估计与跟踪

第二篇 2D 人体姿态估计

第三篇　3D 人体姿态估计

第五篇　汉字字体自动生成

第六篇　应　用　篇

第一篇

人体行为轨迹估计与跟踪

第1章　基于多特征级联稀疏表示的目标跟踪方法

1.1　引　　言

目标跟踪是智能监控领域研究的重点问题，在追求准确性的同时面临众多挑战。由于目标内在因素，如目标姿态、尺度、位置的变化，以及噪声、光照和背景等外在因素变化的影响，鲁棒且准确地实现目标的跟踪仍然是一个具有挑战性的问题，因此在跟踪过程中，跟踪算法既要对相近的不同目标加以区分，又要在目标内在因素干扰时不致误判，且对外在因素的影响具有一定的鲁棒性。

算法的准确性与所提取数据的特征密切相关。常用的特征主要有梯度方向直方图(histogram of oriented gradients，HOG)特征、局部二值模式(local binary pattern，LBP)特征、Haar-like 特征、主成分分析(principal component analysis，PCA)特征，但诸如 PCA 一类的特征提取方法是有损地对输入数据进行降维，从而影响算法的性能。此外，目标特征包含大量的信息，有些信息冗余且不相关，若对特征信息不加以选择，不相关的冗余信息将严重影响跟踪算法。因此，准确、高效地实现目标特征的选取对跟踪算法非常重要。

现有的目标跟踪方法以生成式跟踪算法和判别式跟踪算法为主。前者将跟踪问题视为模型匹配问题，通过寻找使目标模型与候选图像区域之间最小重构误差的区域作为跟踪结果。后者将跟踪问题视为目标与背景间的二分类问题，通过寻找目标与背景的最佳决策边界，将目标从背景中区分出来。

近年来，基于稀疏表示的目标跟踪算法作为生成式目标跟踪算法的代表算法，得到了广泛的关注并取得较好的跟踪效果，但该算法在独立编码空间域信息时存在一定的局限性。具体来说，它可能忽略了视觉信息在空间域中的内在联系，这在一定程度上限制了算法对复杂场景的适应性。为了解决这一问题，本章主要对基于稀疏表示的生成式目标跟踪算法进行研究，以更好地利用视觉信息的空间结构特征，从而提高跟踪算法的性能和鲁棒性。Mei 等[1]提出 L_1 最小化鲁棒视觉跟踪方法，将稀疏表示引入目标跟踪中，利用琐碎的模板处理遮挡，将跟踪问题视为粒子滤波框架下的稀疏编码问题。众多学者证明了该方法的有效性，但同时也提出该方法存在高计算成本及误差累积引起的跟踪漂移问题。该方法通过字典模板与遮挡模板的稀疏线性组合表示候选目标，并根据重构误差最小的样本确定最终的跟踪结果。随后，研究人员提出了许多改进的稀疏表示跟踪算法以解决跟踪漂移问题。Zhang 等[2]提出粒子滤波框架下的低秩跟踪算法,该算法利用粒子间的时间相关性,自适应地删选候选粒子,将目标跟踪问题视为低秩学习问题,利用低阶约束学习对候选粒子进行稀疏表示。此外,为了提高跟踪算法的性能,Zhang 等[3]将多任务学习引入稀疏表示中,将目标跟踪问题视为多任务稀疏学习问题,利用多任务学习的共享依赖关系提高基于稀疏表示跟踪算法的跟踪性能。Liu 等[4]提出利用图像局部稀疏的特性构造目标的外观模型,融合目标区域的结构关系和空间信息,实现准确且鲁棒的目标跟踪。文献[5]提出利用目标模板与候选样本特征间的时空相关性,构造基于动态组稀疏(dynamic group sparsity,DGS)表示的两级稀疏优化算法,提高跟踪的效率和准确性。Zhong 等[6]提出利用目标的整体及局部外观表示,通过构造基于稀疏表示的混合外观模型,有机地将生成式跟踪算法和判别式跟踪算法结合起来,提高跟踪的精度。

目前大部分跟踪算法采用单一的特征描述目标的外观模型。大量研究结果表明,利用单一的特征实现目标外观的描述虽然在特定情况下各有优势,却忽略了不同视觉特征在外观模型描述中的互补特征。例如,HOG 特征捕捉了图像中局部区域梯度的强度和方向分布。这种特征在面对光线变化和局部几何形状改变时,表现出较高的稳定性和适应性;Haar-like 特征是一种基于结构的矩形特征,描述水平、垂直等特定走向的结构,能较好地反映图像局部和边缘的变化,对于目标遮挡具有较强的鲁棒性;灰度特征(intensity feature)虽然计算简单,且不受目标尺度及旋转变化的影响,但其主要描述的是目标区域的灰度变化,可能在纹理丰富或光线变化较大的场景中表现不足。因此,不同的特征在目标描述过程中有所差别,而且也不存在任何一种特征或跟踪方法适用于所有的视频序列[7]。

针对上述问题,区别于其他改进方法,本章提出一种基于多特征级联稀疏表示的目标跟踪算法。该算法能够克服单一特征描述目标的局限性,充分发挥不同特征描述目标外观的互补特性。近年来,提出了许多基于多特征融合的目标跟踪算法,通过多特征的互补特性构造鲁棒的外观模型,从而适应目标的形变、遮挡、光照等变化。然而,如何有效地融合多种特征构造鲁棒的外观模型,仍然是一个亟待解决的问题。

本章针对传统的基于稀疏表示框架的跟踪算法过分强调稀疏表示而忽略视觉信息相关性的问题,以及稀疏编码方法本身存在只对局部区域进行独立的稀疏编码而忽略图像空间邻域信息的问题,提出一种基于多特征级联稀疏表示的目标跟踪算法。首先,该算法利用多个互补特征构造目标的外观模型。区别于传统的跟踪算法,该跟踪算法的目标外观模型由瞬态特征和稳态特征两部分组成。其次,利用两级稀疏编码方法考虑图像块的空间邻域信息,消除噪声对目标外观模型的干扰,较好地实现目标外观模型的重构。最后,依据瞬态及重构目标外观模型的跟踪似然函数获得每个候选模板的置信度,由粒子滤波框架下重构误差最小的粒子确定最终的跟踪结果。基于多特征级联稀疏表示的目标跟踪算法流程如图 1-1 所示。

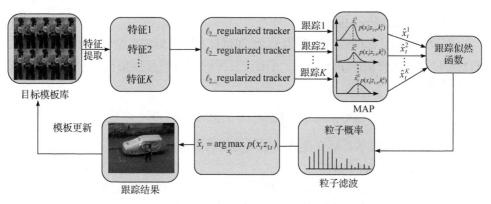

图 1-1　基于多特征级联稀疏表示的目标跟踪算法流程图

MAP-最大后验；ℓ_2_regularized tracker-L_2 正则化跟踪器

本章内容的具体安排：1.2 节介绍基于粒子滤波框架的跟踪算法；1.3 节介绍基于多特征融合表示的外观模型；1.4 节介绍基于级联稀疏编码的目标表示；1.5 节介绍跟踪系统的状态更新；1.6 节在若干实验视频上验证本章提出的跟踪算法的跟踪性能，对其进行实验结果分析；1.7 节对本章内容进行总结。

1.2　基于粒子滤波框架的跟踪算法

基于粒子滤波框架的跟踪算法，通过大量的随机粒子实现对目标状态的近似估计。其本质是通过蒙特卡罗方法实现贝叶斯滤波递推，用已知的状态信息估计目标当前状态的后验概率密度[8]，其基本步骤分为预测和更新两步。

1.2.1　粒子滤波算法

1.2.1.1　目标运动模型

目标在相邻帧间的运动通常利用目标的运动模型来描述，其模型的准确建立对算法的跟踪精度至关重要。考虑目标运动的不确定性，利用仿射变换描述目标的旋转、尺度和平移变化[9]。因此，目标 t 时刻的状态定义为 $\boldsymbol{x}_t = [x_t, y_t, s_t, \theta_t, \varepsilon_t, \phi_t]^{\mathrm{T}}$，其中 (x_t, y_t) 表示 t 时刻目标的中心位置坐标，s_t 和 θ_t 分别表示尺度变化和旋转角，ε_t 表示纵横比，ϕ_t 表示斜切角。在贝叶斯滤波递推的预测阶段，采用高斯模型构造目标的运动模型，即

$$p(x_t \mid x_{t-1}) = N(x_t; x_{t-1}, \boldsymbol{\varphi}) \tag{1-1}$$

式中，$N(\cdot)$ 为高斯分布；$\boldsymbol{\varphi}$ 为对角协方差矩阵，对应仿射变换的 6 个参数。

1.2.1.2　预测及更新

第一步：预测(prediction)。

假设 t 时刻目标的观测变量为 z_t，已知目标 $t-1$ 时刻的后验概率 $p(x_{t-1}\,|\,z_{1:t-1})$，目标 t 时刻的先验概率 $p(x_t\,|\,z_{1:t-1})$ 可通过目标的状态转移模型按照一阶马尔可夫计算得到，即

$$p(x_t\,|\,z_{1:t-1}) = \int p(x_t\,|\,x_{t-1})p(x_{t-1}\,|\,z_{1:t-1})\mathrm{d}x_{t-1} \tag{1-2}$$

式中，$p(x_t\,|\,x_{t-1})$ 表示目标在连续帧之间的运动模型。

第二步：更新(update)。

在粒子滤波框架下，目标的观测模型描述候选样本与模板的相似度。通过目标的状态转移模型和观测模型，可获得目标的后验概率 $p(x_t\,|\,z_{1:t},)$，实现目标状态的更新，即

$$p(x_t\,|\,z_{1:t}) = \frac{p(z_t\,|\,x_t)p(x_t\,|\,z_{1:t-1})}{p(z_t\,|\,z_{1:t-1})} \tag{1-3}$$

式(1-3)为目标的状态更新方程。式中，$z_{1:t} = \{z_1, z_2, \cdots, z_t\}$，为目标在 $1:t$ 时刻的观测变量；$p(z_t\,|\,x_t)$ 描述 t 时刻样本与模板的相似度，即 t 时刻目标的观测模型；$p(z_t\,|\,z_{1:t-1})$ 为转移函数，可视为归一化常数。

因此，式(1-3)可表示为

$$p(x_t\,|\,z_{1:t}) = p(z_t\,|\,x_t)p(x_t\,|\,z_{1:t-1}) \tag{1-4}$$

经过式(1-2)的计算，获得状态的一步预测概率，然后通过式(1-4)实现目标状态的更新并获得当前状态的后验概率，进而通过最大化目标的后验概率密度得到所要跟踪的目标位置。

1.2.2　基于多特征融合的粒子滤波跟踪算法

区别于传统的粒子滤波跟踪算法，本章利用多个互补特征描述目标的外观变化，从而构造多个外观模型。在此，$m_t \in \{1, 2, \cdots, M\}$ 为特征的索引值(index)。M 个特征将构成 M 个跟踪器，其中 m_t^i 代表 t 时刻的第 i 个跟踪器。因此，t 时刻目标状态 x_t 对应的第 i 个跟踪器的后验概率可表示为

$$p(x_t\,|\,z_{1:t}, k_t^i) = p(z_t\,|\,x_t, m_t^i)p(x_t\,|\,z_{1:t-1}, m_t^i) \tag{1-5}$$

式中，$p(z_t\,|\,x_t, m_t^i)$ 和 $p(x_t\,|\,z_{1:t-1}, m_t^i)$ 分别表示第 i 个跟踪器的观测模型和先验概率。

由 KC(Kolmogorov-Chapman)方程可得

$$p(x_t\,|\,z_{1:t-1}, m_t^i) = \int p(x_t\,|\,x_{t-1}, m_t^i)p(x_{t-1}\,|\,z_{1:t-1}, m_t^i)\mathrm{d}x_{t-1} \tag{1-6}$$

因此，第 i 个跟踪器的先验概率可由系统的状态转移概率 $p(x_t\,|\,x_{t-1}, m_t^i)$ 根据一阶马

尔可夫计算得到。

由 M 个特征构成的 M 个跟踪器彼此非独立，因此，第 i 个跟踪器的后验概率 $p(x_{t-1}|z_{1:t-1},m_t^i)$ 要同时考虑 M 个跟踪器相互作用概率的影响，其表示为

$$p(x_{t-1}|z_{1:t-1},m_t^i)=\sum_{j=1}^M p(x_{t-1}|z_{1:t-1},m_{t-1}^j)p\{m_{t-1}^j|m_t^i,z_{1:t-1}\} \tag{1-7}$$

式中，交叉概率 $p\{m_{t-1}^j|m_t^i,z_{1:t-1}\}$ 定义为

$$p\{m_{t-1}^j|m_t^i,z_{1:t-1}\}=\frac{p\{m_t^i|m_{t-1}^j,z_{1:t-1}\}p\{m_{t-1}^j|z_{1:t-1}\}}{\sum_{l=1}^M p\{m_t^i|m_{t-1}^l,z_{1:t-1}\}p\{m_{t-1}^l|z_{1:t-1}\}} \tag{1-8}$$

$p\{\cdot\}$ 满足 $\sum_i p\{m_t^i|z_{1:t}\}=1,\sum_j p\{m_{t-1}^j|m_t^i,z_{1:t-1}\}=1$。

对于目标状态 x_t^i，通过对候选样本 z_t 进行稀疏编码，获得其观测模型的似然函数，即

$$p(z_t|x_t,m_t^i)=\exp(-\varepsilon_i) \tag{1-9}$$

式中，$\varepsilon_i=\min\|f\alpha-z_t\|$ 为稀疏重构误差，f 为字典模板，α 为对应的稀疏系数。

因此，通过最大化 t 时刻目标的后验概率获得当前帧的跟踪位置，即 t 时刻的跟踪结果由最大后验概率的粒子决定：

$$\begin{cases} \hat{x}_t=\underset{x_t}{\arg\max}\,p(x_t|z_{1:t},\hat{m}_t) \\ \hat{m}_t=\underset{m_t^i}{\arg\max}\,P\{m_t^i|z_{1:t}\},\quad i=1,2,\cdots,M \end{cases} \tag{1-10}$$

1.3　基于多特征融合表示的外观模型

基于单一特征构造的外观模型在目标发生较大形变或环境发生干扰时，不能很好地适应目标内在的变化和外在的干扰，在跟踪过程中表现出较大的局限性[10]。鉴于单一特征对目标的描述能力有限，且不同的特征对目标的描述能力不同，受文献[11]的启发，为了增强特征的表达能力，本节联合图像的灰度特征、Haar-like 特征和 HOG 特征构造目标的外观模型。在目标跟踪算法的研究与应用中，灰度特征因其能够保留灰度级图像的原始信息，并且不受目标尺度及旋转变化的影响，被广泛采用。这些特征的计算过程相对简单，同时能够较好地捕捉目标区域的灰度变化。此外，Haar-like 特征通过对图像水平、垂直等特定走向结构的描述，有效地捕捉了图像的局部和边缘变化，尤其在目标遭遇遮挡时，表现出了显著的鲁棒性。HOG 特征通过计算图像局部区域的梯度强度和方向分布，展现出对光线变

化和局部几何形变的强大抵抗力。因此，本章在众多特征中选取灰度特征、Haar-like 特征和 HOG 特征作为互补特征构造目标的外观模型。充分利用不同特征在目标描述能力方面的互补特性，克服传统目标跟踪算法采用单一特征进行目标描述时表现出的局限性。此外，本章所构造的目标外观模型可以推广到其他各种特征的融合。

对于第 t 帧图像，分别提取候选样本的 HOG 特征、Haar-like 特征和灰度特征：

$$z_t^{i,k} = \frac{\mathrm{Vec}(f^k(I(\hat{x}_t^i)))}{\left\| \mathrm{Vec}(f^k(I(\hat{x}_t^i))) \right\|} \tag{1-11}$$

式中，$\mathrm{Vec}(\cdot)$ 表示矢量化；$I(\hat{x}_t^i)$ 表示目标状态向量 x_t 对应的图像块；$f^k(\cdot)$ 为提取的第 k 类特征；$k = 1, 2, 3$，分别代表 HOG 特征、Haar-like 特征和灰度特征；$z_t^{i,k} \in \mathbb{R}^{d_k}$，$d_k$ 为第 k 类特征的维数。

1.4　基于级联稀疏编码的目标表示

稀疏表示作为一种有效的特征提取方法，其本质是通过寻找一组过完备基，实现对输入数据的表示，并根据输入数据与重构数据之间的重构误差估计目标的当前状态。为了提高跟踪算法的鲁棒性，本章分别利用目标的瞬态特征和稳态特征描述目标的外观变化。在目标外观发生突变或外界光照、遮挡等发生突变时，目标的稳态特征不能及时更新，其包含大量未及时更新的目标外观信息。然而，目标的瞬态特征随时间的变化而变化，能较好地描述目标外观的突变。反之，在静态环境中，目标的外观相对发生较小的变化，如果误将背景样本加入模板库中，其背景样本是非线性的，不同于其邻域样本。因此，利用邻域特征空间关系特性进行稀疏编码，可消除背景样本的干扰。这有助于构建一个鲁棒性较强的目标模板库，提高跟踪算法的鲁棒性。

1.4.1　构造外观模型

由 1.3 节可得，M 类特征构成的特征集可以表示为 $\{\hat{f}_t^k = z_t^{\hat{m}_t,k} \mid k = 1, 2, \cdots, M\}$，其中，$z_t^{\hat{m}_t,k}$ 由式(1-11)计算获得，$\hat{m}_t$ 为通过式(1-10)选择的跟踪器的索引值。

(1) 瞬态特征及瞬态外观模型：假定 t 时刻目标的短时(short-term)外观变化用最邻近的 L 帧观测值表示，则目标的瞬态特征可以表示为 $f_{I,t+1}^k = [f_{I,t-L}^k, \cdots, f_{I,t}^k]$，其中，$f_{I,t}^k = \hat{f}_t^k$，$I$ 表示目标的瞬态特征向量。因此，目标的瞬态外观模型 $\overline{f}_{I,t}^k$ 可通过对最邻近的 L 帧目标外观求平均值获得，即

$$\overline{f}_{I,t}^{k} = \frac{1}{L}\sum_{l=1}^{L} f_{I,t-l}^{k} \tag{1-12}$$

（2）稳态特征及稳态外观模型：t 时刻目标的稳态特征由模板库中的 r 个模板构成，即 $f_{R,t}^{k} = [f_{1,t}^{k}, \cdots, f_{r,t}^{k}] \in \mathbb{R}^{d_k \times r}$。相应地，$t$ 时刻目标的稳态外观模型 $z_{t}^{i,k}$ 由其稳态特征 $f_{R,t}^{k}$ 通过级联稀疏编码获得，即

$$z_{t}^{i,k} \approx f_{R,t}^{k}\boldsymbol{\alpha}_{t}^{i,k} + \boldsymbol{\varepsilon}^{i,k} = f_{1,t}^{k}\alpha_{1,t}^{i,k} + \varepsilon_{1,t}^{i,k} + f_{2,t}^{k}\alpha_{2,t}^{i,k} + \varepsilon_{2,t}^{i,k} + \cdots + f_{r,t}^{k}\alpha_{r,t}^{i,k} + \varepsilon_{r,t}^{i,k} \tag{1-13}$$

式中，$\boldsymbol{\varepsilon}^{i,k} = \left[\varepsilon_{1,t}^{i,k}, \cdots, \varepsilon_{r,t}^{i,k}\right] \in \mathbb{R}^{r}$，为对应的噪声信号；$f_{R,t}^{k} = [f_{1,t}^{k}, \cdots, f_{r,t}^{k}] \in \mathbb{R}^{d_k \times r}$；$\boldsymbol{\alpha}_{t}^{i,k} = [\alpha_{1,t}^{i,k}, \cdots, \alpha_{r,t}^{i,k}]^{\mathrm{T}} \in \mathbb{R}^{r}$；$r$ 为特征的索引值。

1.4.2　第一级稀疏编码

设 $\boldsymbol{f}_1 = [f_{R,t}^{k}\ \ \boldsymbol{I}^{k}], \boldsymbol{\alpha}_1 = \begin{bmatrix} \boldsymbol{\alpha}_{t}^{i,k} \\ \boldsymbol{\beta}_{t}^{i,k} \end{bmatrix}$，其中，$f_{R,t}^{k} \in \mathbb{R}^{d_k \times r}$，为由目标模板库中的模板构成的目标字典；$\boldsymbol{I}^{k} \in \mathbb{R}^{d^k \times d^k}$，为由单位正定矩阵构成的噪声字典；$\boldsymbol{\alpha}_{t}^{i,k} = [\alpha_{1,t}^{i,k}, \cdots, \alpha_{r,t}^{i,k}]^{\mathrm{T}} \in \mathbb{R}^{r}$，为稀疏系数；$\boldsymbol{\beta}_{t}^{i,k} = [\beta_{1,t}^{i,k}, \cdots, \beta_{d^k,t}^{i,k}]^{\mathrm{T}} \in \mathbb{R}^{d^k}$，为噪声系数。根据稀疏编码理论，对于任意的第 i 个候选样本 $z_{t}^{i,k}$，其可以表示为

$$z_{t}^{i,k} = f_{R,t}^{k}\boldsymbol{\alpha}_{t}^{i,k} + \boldsymbol{\varepsilon}^{i,k} = [f_{R,t}^{k}\ \ \boldsymbol{I}] \begin{bmatrix} \boldsymbol{\alpha}_{t}^{i,k} \\ \boldsymbol{\beta}_{t}^{i,k} \end{bmatrix} \tag{1-14}$$

式中，$z_{t}^{i,k}$ 为由第 k 个特征表示的第 i 个候选样本；$f_{R,t}^{k}\boldsymbol{\alpha}_{t}^{i,k}$ 为相应的重构外观。由于本章采用多个特征描述目标外观，因此，对于任意帧图像而言，由 M 个特征可获得 M 个跟踪结果 $\{\hat{x}_{t}^{i} \mid i=1,2,\cdots,M\}$。

通过基于 L_2 最小二乘约束的两级稀疏编码获得相应的稀疏系数 $\boldsymbol{\alpha}_{t}^{i,k}$ 和 $\boldsymbol{\beta}_{t}^{i,k}$：

$$\boldsymbol{\alpha}_1 = \arg\min_{\boldsymbol{\alpha}_{t}^{i,k}, \boldsymbol{\beta}_{t}^{i,k}} \left\| \boldsymbol{f}_1\boldsymbol{\alpha}_1 - z_{t}^{i,k} \right\|_2 \quad \text{s.t.} \left\| \boldsymbol{\alpha}_{t}^{i,k} \right\|_2 \leqslant K_1, \quad \left\| \boldsymbol{\beta}_{t}^{i,k} \right\|_2 \leqslant K_2 \tag{1-15}$$

式中，K_1、K_2 为非 0 约束项，分别控制目标模板的稀疏性和抗干扰能力。

为了较好地处理特征空间的高维数据，本章利用对角矩阵 $\boldsymbol{W}$ 对特征空间进行降维。对于样本集 $X = \{x_{t}^{i} \in \mathbb{R}^{1 \times p} \mid i=1,2,\cdots,M\}$，由式(1-16)求解联合稀疏编码的解，即

$$(\boldsymbol{\alpha}_1, \boldsymbol{W}) = \arg\min_{\boldsymbol{\alpha}_1, \boldsymbol{W}} \lambda \left\| \boldsymbol{W}\boldsymbol{f}_1\boldsymbol{\alpha}_1 - \boldsymbol{W}z_{t}^{i,k} \right\|_2^2 + \gamma F(\boldsymbol{W}, X)$$
$$+ \tau_1 \left\| \boldsymbol{\alpha}_1 \right\|_2^2 + \tau_2 \left\| \mathrm{diag}(\boldsymbol{W}) \right\|_2^2 \tag{1-16}$$

式中，$F(\boldsymbol{W}, X)$ 为损失函数；τ_1、τ_2 为稀疏参数。如果 $W_{ii} \neq 0$，则第 i 个特征为有效特征，反之，第 i 个特征为无效特征，在跟踪过程中不起作用。

损失函数 $F(\boldsymbol{W}, X)$ 表示为

$$F(W,X) = e^{-\sum_{i=1}^{K}(x_t^i w_t^i)} \tag{1-17}$$

式中，$\{w_t^i \in \mathbb{R}^{p\times 1} \mid i=1,2,\cdots,M\}$ 为稀疏向量。当 $w_i \neq 0$ 时，选择第 i 个特征。

通过求解式(1-18)的稀疏问题，获得最小损失函数的解：

$$(w_t^i)^* = \arg\min_{w_t^i}\left\| Xw_t^i \right\|_2, \quad \text{s.t.}\left\| w_t^i \right\|_2 \leqslant K_0 \tag{1-18}$$

式中，K_0 为可选择的最大特征数目。

考虑候选样本的空间邻域信息，设 $N_{w_t^i}(i,j)$ 为第 i 个特征的第 j 个邻域，构造向量集：

$$z_t^i = (w_t^i)^2 + \sum_{j=1}^{\tau}\theta_j^2 N_{w_t^i}^2(i,j), \quad i=1,2,\cdots,p \tag{1-19}$$

式中，θ_j 代表邻域的权重，则对角矩阵 W 可表示为

$$(W_t^i)_{j,j} = \begin{cases} 1, & (w_t^i)_j^* \neq 0 \\ 0, & \text{其他} \end{cases} \tag{1-20}$$

在上述第一级稀疏编码表示过程中，目标模板通常包含背景信息，而此类背景特征区别于其邻域特征。本章充分考虑邻域特征的空间关系，选择具有判别性的特征，将目标模板中的噪声进行滤除，有效地消除目标模板中的背景信息。同时，通过判别特征的选择，降低稀疏编码的计算负荷，从而构建一个有效且鲁棒的目标模板库。

1.4.3　第二级稀疏编码

在第二级稀疏编码阶段，式(1-15)中的稀疏系数 $\boldsymbol{\alpha}_t^{i,k}$ 和 $\boldsymbol{\beta}_t^{i,k}$ 由式(1-21)计算获得，即

$$(\boldsymbol{\alpha}_t^{i,k}, \boldsymbol{\beta}_t^{i,k}) = \arg\min_{\boldsymbol{\alpha}_t^{i,k},\boldsymbol{\beta}_t^{i,k}}\left\| W\boldsymbol{f}_1\boldsymbol{\alpha}_1 - W\boldsymbol{z}_t^{i,k} \right\|_2$$
$$\text{s.t.}\left\| \boldsymbol{\alpha}_t^{i,k} \right\|_2 \leqslant K_1, \quad \left\| \boldsymbol{\beta}_t^{i,k} \right\|_2 \leqslant K_2 \tag{1-21}$$

由矩阵 W 中的非 0 行构成矩阵 $W' \in \mathbb{R}^{K_0 \times p}$，设 $\boldsymbol{f}_1' = W\boldsymbol{f}_1, \boldsymbol{z}_t' = W'\boldsymbol{z}_t, \boldsymbol{\beta}' = W'\boldsymbol{\beta}$，则

$$((\boldsymbol{\alpha}_t^{i,k})^*, (\boldsymbol{\beta}_t^{i,k})^*) = \arg\min_{\boldsymbol{\alpha}_t^{i,k},\boldsymbol{\beta}_t^{i,k}}\left\| [\boldsymbol{f}_1',W']\begin{bmatrix}\boldsymbol{\alpha}_t^{i,k} \\ \boldsymbol{\beta}_t^{i,k}\end{bmatrix} - \boldsymbol{z}_t' \right\|_2$$
$$\text{s.t.}\left\| \boldsymbol{\alpha} \right\|_2 \leqslant K_1, \quad \left\| \boldsymbol{\beta} \right\|_2 \leqslant K_2 \tag{1-22}$$

式中，K_1、K_2 分别为控制目标模板稀疏性和对复杂环境抗干扰容错性的稀疏参数。

因此，候选样本 $\boldsymbol{z}_t^{i,k}$ 的重构外观模型 $\overline{\boldsymbol{f}}_{R,t}^{i,k}$ 可表示为

$$\overline{f}_{R,t}^{i,k} = f_{R,t}^{i,k}\alpha_t^{i,k} \tag{1-23}$$

通过上述稀疏重构，样本的特征维数从 $p \times L$ 降低到 $K_0 \times L$，L 为目标模板库中模板的数量。

对于第 t 帧图像的第 i 个跟踪器而言，其预测目标状态为

$$\hat{x}_t^i = \arg\max_{x_t} p(x_t \mid z_{1:t}, m_t^i) \tag{1-24}$$

所对应的似然函数为

$$p(z_t \mid m_t^i, z_{1:t-1}) = p(z_t \mid \hat{x}_t^i) \tag{1-25}$$

由于本章采用瞬态特征及重构特征描述目标的瞬态及稳态外观变化，因此，对于每个跟踪器而言，其后验概率由二者的联合似然函数共同决定，即

$$\begin{aligned}
p(z_t \mid \hat{x}_t^i) &= p_I(z_t \mid \hat{x}_t^i, \cdot) p_R(z_t \mid \hat{x}_t^i, \cdot) \\
&= \prod_{k=1}^{M} p(z_t \mid \hat{x}_t^i, f_{I,t}^k) p(z_t \mid \hat{x}_t^i, f_{R,t}^k)
\end{aligned} \tag{1-26}$$

式中，$p_I(z_t \mid \hat{x}_t^i, \cdot)$ 为基于瞬态外观特征 $\overline{f}_{I,t}^k$ 的瞬态似然函数；$p_R(z_t \mid \hat{x}_t^i, \cdot)$ 为由重构目标稳态外观特征 $\overline{f}_{R,t}^{i,k}$ 构造得到的重构似然函数。因此，有

$$\begin{cases}
p_I(z_t \mid \hat{x}_t^i, f_{R,t}^{i,k}) = \exp(-\rho \|\overline{f}_{I,t}^k - z_t^{i,k}\|^2) \\
p_R(z_t \mid \hat{x}_t^i, f_{R,t}^{i,k}) = \exp(-\rho \|\overline{f}_{R,t}^{i,k} - z_t^{i,k}\|^2)
\end{cases} \tag{1-27}$$

式中，ρ 为控制参数；$\overline{f}_{I,t}^k$ 为瞬态外观特征；$\overline{f}_{R,t}^{i,k}$ 为稳态外观特征。

1.5　状态更新

在目标跟踪过程中，由于目标内部形变及外部环境干扰，目标的形状、大小会发生变化，从而目标的外观特征发生变化。因此，在跟踪过程中需要对目标模板进行相应的更新，以适应目标外观的变化，保证跟踪的精度。在本章中，由于采用多个特征构造目标的外观模型，每类特征对应一类跟踪器，从而在更新过程中需要对每类跟踪器进行更新。

对于任意的跟踪器，其跟踪概率按式(1-28)进行更新：

$$P\{m_t^i \mid z_{1:t}\} = \frac{p(z_t \mid m_t^i, z_{1:t-1})}{p(z_t \mid z_{1:t-1})} P\{m_t^i \mid z_{1:t-1}\} \tag{1-28}$$

式中，

$$
\begin{cases}
P\{m_t^i \mid z_{1:t-1}\} = \sum_{j=1}^{M} P\{m_t^i \mid m_{t-1}^j, z_{1:t-1}\} P\{m_{t-1}^j \mid z_{1:t-1}\} \\
p(z_t \mid z_{1:t-1}) = \sum_{i=1}^{M} p(z_t \mid m_t^i, z_{1:t-1}) \\
\qquad\qquad \times \sum_{j=1}^{M} P\{m_t^i \mid k_{t-1}^j, z_{1:t-1}\} P\{m_{t-1}^j \mid z_{1:t-1}\}
\end{cases}
\tag{1-29}
$$

对于每个跟踪器而言,其观测模型 $p(z_t \mid x_t, m_t^i)$ 按文献[12]中增量式子空间更新的方法进行更新,即

$$
\begin{cases}
p(z_t \mid x_t, m_t^i) = \exp\left(\rho_T \left\| z_t^i - \sum_l c_l \boldsymbol{g}_l \right\|^2 \right) \\
\boldsymbol{c}_l = (\boldsymbol{g}_l^i)^{\mathrm{T}} (z_t^i - \overline{o}^i)
\end{cases}
\tag{1-30}
$$

式中, $\overline{o}^i$ 为模板的均值; $\boldsymbol{g}_l^i$ 为相应的特征; $l = 1, 2, \cdots, L$; ρ_T 为控制参数; c_l 为目标模板投影到主成分特征空间的投影系数。此外,依据文献[12]更新目标模板库,将当前的跟踪结果依次添加到目标模板库中。

采用粒子滤波跟踪算法预测目标的状态,式(1-6)中的目标先验概率由 N 个采样粒子近似表示为

$$
p(x_t \mid z_{1:t}, m_t^i) \approx \sum_{q=1}^{N} s_{q,t}^i \delta(x_{q,t}^i - x_{t-1})
\tag{1-31}
$$

式中, $N = 600$,为粒子的数目; $\delta(\cdot)$ 为狄拉克函数; $\{s_{q,t}^i\}_{q=1}^N$ 为粒子的采样权重。

粒子状态 $x_{q,t}^i$ 由式(1-1)中的运动模型 $p(x_t \mid x_{t-1}, m_t^i)$ 预测得到,即

$$
x_{q,t}^i \sim p(x_t \mid x_{t-1}, m_t^i)
\tag{1-32}
$$

粒子权重更新规则:

$$
s_{q,t}^i = s_{q,t-1}^i p(z_t \mid x_t, m_t^i)
\tag{1-33}
$$

由最大化后验估计(MAP)获得 M 个目标状态,即

$$
\hat{x}_t^i = x_{\hat{q},t}^i, \quad \hat{q} = \arg\max_q (\{s_{q,t}^i \mid i = 1, 2, \cdots, M, \ q = 1, 2, \cdots, N\})
\tag{1-34}
$$

在本章所提出的跟踪算法中,目标外观由多个特征构造形成。由于其考虑目标的瞬态及稳态外观变化,从而能较好地描述目标的外观变化。在严重遮挡或光照突变的动态环境中,目标的稳定特征不能及时更新,但其瞬时特征随时间的变化而变化,能较好地描述目标外观的突变。反之,在静态环境中,目标的外观相对发生较小的变化,基于两级稀疏编码表示的稳态外观模型充分考虑目标邻域特征的空间关系,能较好地消除噪声样本,从而保证算法的跟踪准确性。

综上所述,本章基于多特征级联稀疏表示的目标跟踪算法的具体步骤如算法1-1所示。

算法 1-1： 基于多特征级联稀疏表示的目标跟踪算法

输入：初始化目标状态 $\{x_0^i = x_0 \mid i = 1, 2, \cdots, K\}$

初始化：构建 L 个训练样本 $X \in \mathbb{R}^{L \times p}$ 以及粒子集 $\left\{ x_{q,0}^i, s_{q,0}^i = \dfrac{1}{N} \mid q = 1, 2, \cdots, N \right\}$，

初始化跟踪概率 $\left\{ P_0^i\{\cdot\} = \dfrac{1}{M} \mid i = 1, 2, \cdots, M \right\}$

For $t=1$ to end sequence

For $i = 1 : M$

1) 通过式(1-17)求解最小损失函数 $F(W, X)$；

2) 利用式(1-20)构造对角矩阵 W；

3) 对于每个候选样本 z_i 所对应的目标状态 x_t^i，通过式(1-15)获得稀疏系数 $\boldsymbol{\alpha}_t^{i,k}$ 和 $\boldsymbol{\beta}_t^{i,k}$；

4) 通过式(1-24)预测每个跟踪器所对应的目标状态置信度；

5) 由粒子滤波算法按式(1-31)计算目标状态的后验分布 $p(x_t \mid z_{1:t}, m_t^i)$；

6) 通过式(1-32)和式(1-33)更新粒子的状态和权重 $\{x_{q,t}^i, s_{q,t}^i\}_{q=1}^N$；

7) 通过式(1-34)获得 M 个置信度最高的目标状态 $\hat{x}_t^i$，代表 t 时刻第 i 个跟踪器所对应的目标状态；

End for

8) 通过式(1-25)计算第 i 个跟踪器所对应的似然函数 $p(z_t \mid m_t^i, z_{1:t-1})$；

9) 根据式(1-28)更新每个跟踪器的跟踪概率 $P\{m_t^i \mid z_{1:t}\}$；

10) 对于第 t 帧图像，其跟踪结果由式(1-10)获得；

11) 利用跟踪结果更新训练样本集及目标模板库。

End for

1.6　实验结果与性能分析

为了验证本章所提出的跟踪算法的有效性，将该算法与增量学习视觉追踪器 (incremental learning of visual tracker，IVT)[12]、L_1 跟踪器(L_1 tracker)[1]、多示例学习(multiple instance learning，MIL)[13]跟踪器、在线 AdaBoost(online adaboost，OAB)跟踪器[14]和视觉追踪分解(visual tracking decomposition，VTD)[15]跟踪器五种主流的跟踪算法在多个视频序列上进行对比。设计的实验包括光照剧烈变化、目标尺度变

化、旋转及短时遮挡下的刚体及非刚体目标跟踪。本节选用的测试视频序列来源于 OTB2015 数据集(https://blog.csdn.net/qq_40199447/article/details/106741810)。从定性和定量两方面对各跟踪算法的性能进行评估分析。

需要说明的是，当前存在众多主流的目标跟踪算法，本章的实验部分仅选取 IVT、L_1 跟踪器、MIL 跟踪器、OAB 跟踪器和 VTD 跟踪器五种代表性跟踪算法进行对比分析，其原因在于，本章提出的跟踪算法是基于稀疏表示的目标跟踪算法的改进算法，而以上算法在稀疏表示领域具有广泛应用和影响力。其次，本章提出的算法在描述目标外观时，结合了灰度特征、Haar-like 特征和 HOG 特征，而作为对比算法的 IVT 及 L_1 跟踪器仅依赖灰度特征描述目标外观。值得一提的是，IVT 作为生成式跟踪算法的典型代表，在评估目标跟踪算法性能时常被作为基准算法。MIL 跟踪器和 OAB 跟踪器的目标外观描述是基于 Haar-like 特征的，同时它们也是判别式跟踪算法的典型代表算法。VTD 跟踪器利用 HSV 颜色空间的色度(hue)、饱和度(saturation)、明度(value)特征构造其目标外观模型。因此，本章所提算法及 VTD 跟踪器都是基于多特征融合表示目标的外观模型。在本章所提算法的对比算法选择中，由于篇幅的限制，在众多跟踪算法中选取了三种生成式跟踪算法，其中一种为基于多特征融合表示的生成式跟踪算法，还选取了两种判别式跟踪算法。五种对比算法在特征表示过程中选取了与本章所提算法相同的特征。

1.6.1 参数设置

在实验过程中，所有的测试视频序列均手动标定起始帧中待跟踪目标的位置；候选样本块归一化为 32 像素×32 像素；稀疏参数 $\tau_1 = \tau_2 = 0.001$，$\gamma = 0.1$；粒子个数 $N = 600$，目标模板数量 $L = 16$；灰度特征、HOG 特征及 Haar-like 特征的维数分别为 1024、1296、1760。其对比跟踪算法的参数按原文献设置。测试视频序列的属性如表 1-1 所示。

表 1-1　测试视频序列的属性

序列	帧数	主要特点
Car4	659	遮挡、光线变化、尺度变化
CarScale	252	遮挡、尺度变化
CarDark	393	光线变化、遮挡、运动模糊
FaceOcc2	812	遮挡、平面旋转
Freeman1	326	尺度变化、视角变化
Girl	500	平面旋转、遮挡、尺度及姿态变化

1.6.2　定性比较

实验 1：刚体目标在遮挡、光线变化、快速运动及复杂背景下的跟踪。

Car4 视频序列中所跟踪的目标为一辆在光线变化及遮挡条件下行驶的车辆。该视频序列的主要特点是场景中存在光线突变、桥和树木等背景干扰，以及行驶过程中伴有尺度变化。如图 1-2(a)所示，OAB 跟踪算法在#103 帧由于树木及桥的遮挡发生了轻微的漂移，最终在#328 帧跟踪失败。L_1、MIL 及 VTD 跟踪算法由于剧烈的光线变化在#103 帧开始出现跟踪漂移现象，最终在#253 帧由于无法应对光线的剧烈变化而丢失目标。本章算法及 IVT 跟踪算法在该视频序列上实现较为准确的目标跟踪。但是，IVT 跟踪算法的跟踪结果并不理想，在车辆经过铁桥时，跟踪框不能完全包含所跟踪的目标(#222)，当光线恢复正常后(#253、#328)，跟踪框大于真实目标。这是因为，IVT 跟踪算法在目标受到光线变化等干扰影响时，噪声信息融入目标的表观信息中，在模板更新过程中引入噪声信息，导致模型不准确，从而即使光线恢复正常，跟踪框也不能恢复，而是大于实际所跟踪的目标。由图 1-2(a)可以看出，本章算法在目标经历剧烈的光线变化时能较好地跟踪车辆目标。从表 1-2 和表 1-3 所示的平均中心位置误差和平均重叠率可以发现，本章算法的平均中心位置误差仅为 2.97 像素，显著低于 IVT、L_1、MIL、OAB 及 VTD 跟踪算法；本章算法的平均重叠率达到 87.3%，分别比 IVT、L_1、MIL、OAB 和 VTD 跟踪算法提高了 30.3 个、67.7 个、61.6 个、72.2 个和 51.6 个百分点，体

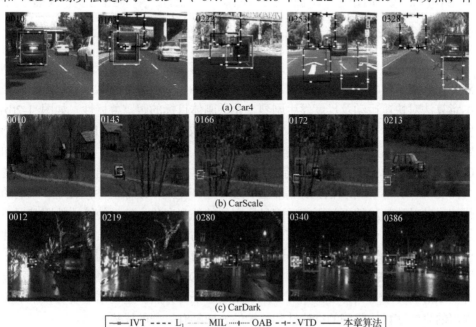

(a) Car4

(b) CarScale

(c) CarDark

——IVT　---- L_1　—— MIL　……+ OAB　-·+·- VTD　—— 本章算法

图 1-2　刚体目标在遮挡、光线变化、快速运动及复杂背景下的跟踪结果

现出本章算法在目标跟踪准确性方面的显著优势。

表 1-2　平均中心位置误差　　　　　　　（单位：像素）

视频序列	IVT	L_1	MIL	OAB	VTD	本章算法
Car4	*16.31*	209.22	53.10	101.49	32.46	**2.97**
CarScale	42.64	51.52	41.63	*13.66*	29.35	**8.44**
CarDark	22.03	19.85	48.41	**1.90**	21.29	*1.92*
FaceOcc2	16.21	13.54	18.17	22.32	*10.69*	**8.42**
Freeman1	**6.85**	61.74	18.98	23.44	10.71	*7.44*
Girl	29.37	*1.76*	12.11	8.55	11.70	**1.63**
平均值	22.24	59.61	32.07	28.56	*19.37*	**5.14**

注：粗体代表最优，斜体代表次优，后文同。

表 1-3　平均重叠率

视频序列	IVT	L_1	MIL	OAB	VTD	本章算法
Car4	*0.570*	0.196	0.257	0.151	0.357	**0.873**
CarScale	0.469	*0.515*	0.421	0.451	0.408	**0.768**
CarDark	0.480	0.513	0.153	*0.741*	0.461	**0.868**
FaceOcc2	0.572	0.641	0.611	0.549	*0.700*	**0.723**
Freeman1	*0.493*	0.234	0.241	0.288	0.343	**0.587**
Girl	0.147	*0.676*	0.404	0.577	0.521	**0.710**
平均值	0.455	0.463	0.348	0.460	*0.465*	**0.755**

CarScale 视频序列中，所跟踪的目标为一辆由远及近快速行驶，尺度发生剧烈变化，混入树木等背景干扰的车辆，如图 1-2 (b)所示。该测试序列是为了验证本章算法对快速运动及尺度发生剧烈变化的刚体目标的跟踪鲁棒性。如图 1-2(b)所示，#166 帧，由于模板发生大的尺度变化及快速运动，IVT、L_1、MIL 及 VTD 跟踪算法发生不同程度的跟踪偏移，并最终在#172 帧丢失目标。本章跟踪算法和 OAB 跟踪算法较好地实现了目标的跟踪，但本章算法的跟踪框随着目标尺寸的变大而变大，OAB 跟踪算法的跟踪框逐渐变小。产生这一现象的原因在于，车辆的快速运动导致算法的更新不能适应目标剧烈的外观变化，从而使算法的跟踪框不能自适应地快速调整大小，跟踪效果受到较大的影响。本章提出的跟踪算法在性能评估中显示出较低的平均中心位置误差，仅为 8.44 像素，明显低于其他算法；平均重叠率为 76.8%，相比于 IVT、L_1、MIL、OAB 及 VTD，平均重叠率分别提升了 29.9 个、25.3 个、34.7 个、31.7 个和 36 个百分点。这些结果表明，本章所提出的算法在目标跟踪的准确性和鲁棒性方面具有显著的优势。

CarDark 视频序列验证了本章算法对夜间行驶车辆的跟踪效果。该视频序列由于光线较暗、灯光反射光较强、背景复杂，即使是人眼，也很难准确定位目标的位置。从图 1-2(c)所示视频序列的跟踪结果以及表 1-2、表 1-3 可以看出，本章算法在整个跟踪过程中能较准确地跟踪目标，其位置误差仅次于 OAB 算法。由于灯光的强反射，MIL 跟踪算法从#219 帧开始发生偏移，最终在#280 帧丢失目标，并将其他一辆车作为跟踪的目标。同时，从#280 帧开始，IVT、L$_1$ 和 VTD 跟踪算法发生不同程度的跟踪偏移现象。由于场景中不存在光照等剧烈变化，OAB 跟踪算法获得了较好的跟踪效果，其平均中心位置误差仅为 1.90 像素，平均重叠率达 74.1%；本章所提出跟踪算法的平均中心位置误差为 1.92 像素，平均重叠率为 86.8%，整体上优于其对比跟踪算法。

实验 2：非刚体目标在遮挡、尺度变化及旋转情况下的跟踪。

视频序列 FaceOcc2 中存在若干帧脸部遮挡及脸部旋转。在跟踪的全过程中，如图 1-3(a)所示，脸部旋转过程(#170～#413 帧)伴有较为严重的遮挡。从#170 帧开始到结束，跟踪目标用书对自己的脸部进行严重的遮挡，随后戴上一顶与其 T 恤颜色相近的帽子(#717 帧)。由于在跟踪过程中存在严重的遮挡，目标外观发生了剧烈的变化，IVT 跟踪算法不能适应这种变化，从#413 帧开始，跟踪发生轻微的漂移且跟踪框大小发生改变，以致在跟踪后期出现严重遮挡时(#717 帧)完全丢失目标。OAB 及 L$_1$ 跟踪算法在目标戴上帽子后，由于目标外观发生大的变化，出现短时跟踪漂移现象，L$_1$ 跟踪算法在随后的跟踪过程中(#717 帧)恢复目标的跟踪。由于在#717 帧目标出现严重遮挡，OAB 算法又出现跟踪漂移的现象，严重的遮挡使目标外观发生剧烈变化，从而导致 OAB 算法在随后的跟踪中一直没有恢复跟踪。MIL 和 VTD 跟踪算法在跟踪的最后阶段(#807 帧开始)出现跟踪漂移的现象。由于本章算法在跟踪过程中利用多个互补特征构造瞬态及稳态外观模型并在线更新其目标模板库，因此在跟踪的全过程中能较好地应对遮挡及旋转变化，取得较为理想的跟踪效果，其平均中心位置误差仅为 8.42 像素，平均重叠率为 72.3%。在性能对比分析中，IVT、L$_1$、MIL、OAB 及 VTD 跟踪算法的平均中心位置误差分别为 16.21 像素、13.54 像素、18.17 像素、22.32 像素和 10.69 像素，平均重叠率分别为 57.2%、64.1%、61.1%、54.9%及 70.0%。

Freeman1 视频序列中跟踪目标为一个在室内运动、尺度和视角发生变化的行人脸部、如图 1-3 (b)所示。由于大的尺度变化，MIL 跟踪算法从#32 帧开始出现跟丢现象。由于目标从左视角变化到右视角，L$_1$ 和 OAB 跟踪算法分别从#83 帧和#143 帧开始丢失所跟踪的目标。IVT、VTD 及本章算法在该视频序列上均展现出较好的跟踪效果，其平均中心位置误差分别为 6.85 像素、10.71 像素和 7.44 像素，对应的平均重叠率分别为 49.3%、34.3%和 58.7%。与此同时，对比跟踪算法 L$_1$、MIL 和 OAB 的平均中心位置误差分别为 61.74 像素、18.98 像素和 23.44 像素，平均重叠率分别为 23.4%、24.1%和 28.8%。

Girl 视频序列相比 FaceOcc2 和 Freeman1 增加了 180°的平面旋转，目标(女子

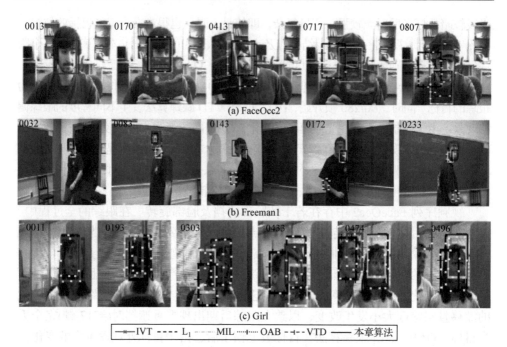

图 1-3 非刚体目标在遮挡、尺度变化及旋转情况下的跟踪结果

脸部)由近及远的尺度变化及相似目标(男子脸部)遮挡的干扰。在跟踪的全过程中,目标一直经历平面的尺度变化和旋转,在#11~#193 帧目标经历了第一次 180°的平面旋转,IVT 跟踪算法不能适应这种严重的旋转变化,从#11 帧开始跟踪框大小发生变化,在#193 帧已基本完全丢失目标;MIL 和 OAB 跟踪算法在这一过程中出现略微的偏移。在#193~#303 帧目标经历第二次 180°的平面旋转时,MIL 跟踪算法已出现较大的跟踪偏移。在#303 帧目标经历脸部旋转时,OAB 跟踪算法也出现跟踪漂移现象。从#433 帧开始,当一男子对目标进行遮挡干扰时,MIL、OAB 及 VTD 跟踪算法出现不同程度的跟踪偏移现象,当遮挡消失后,MIL 和 OAB 跟踪算法发生不同程度的恢复(#474 帧、#496 帧)。L_1 跟踪算法及本章算法在跟踪的全过程中都能较理想地跟踪目标,其跟踪鲁棒性较强,平均中心位置误差分别为 1.76 像素和 1.63 像素,平均重叠率分别为 67.6%和 71.0%。与此同时,对比主流跟踪算法 IVT、MIL、OAB 和 VTD 的平均中心位置误差分别为 29.37 像素、12.11 像素、8.55 像素和 11.70 像素,平均重叠率分别为 14.7%、40.4%、57.7%和 52.1%。

1.6.3 定量比较

为了全面评估不同算法在不同条件下的跟踪鲁棒性,采用中心位置误差和重叠率作为评估指标,对各个视频序列的跟踪结果进行定量分析。

(1) 中心位置误差(center position error,CPE)定义为跟踪算法得到的目标中心

位置与真实目标中心位置的欧氏距离，即

$$\text{CPE} = \sqrt{(x_i - x_c)^2 + (y_i - y_c)^2} \qquad (1\text{-}35)$$

式中，(x_i, y_i) 为跟踪算法的目标中心位置；(x_c, y_c) 为真实目标中心位置。理想情况下，中心位置误差为 0。不同跟踪算法在 6 组测试视频序列上的中心位置误差曲线如图 1-4 所示，平均中心位置误差如表 1-2 所示。

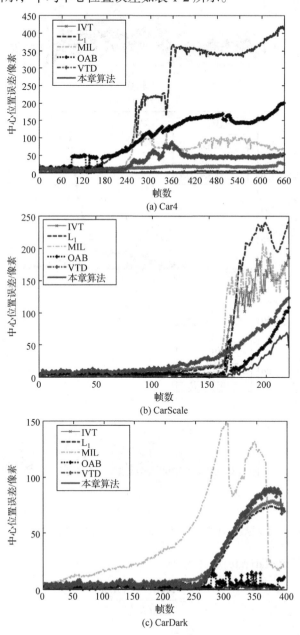

(a) Car4

(b) CarScale

(c) CarDark

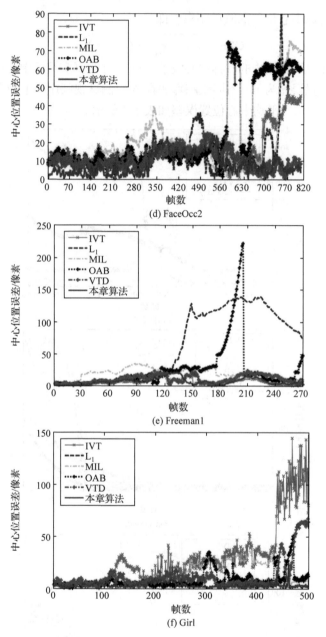

图 1-4　不同跟踪算法在 6 组测试视频序列上的中心位置误差曲线

(2) 重叠率(overlap rate)定义为[16]

$$O = \frac{\text{area}(R_t \bigcap R_g)}{\text{area}(R_t \bigcup R_g)} \tag{1-36}$$

式中，R_t 为跟踪算法产生的跟踪框；R_g 为目标真实边界框所在的区域。理想情况下，重叠率为 100%。图 1-5 和表 1-3 分别展示了各算法在 6 组测试视频序列上的每帧重叠率曲线与平均重叠率。

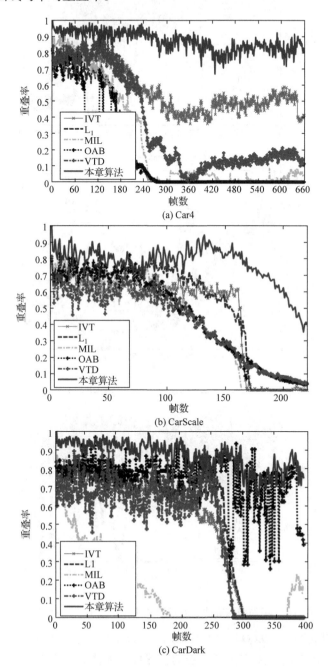

(a) Car4

(b) CarScale

(c) CarDark

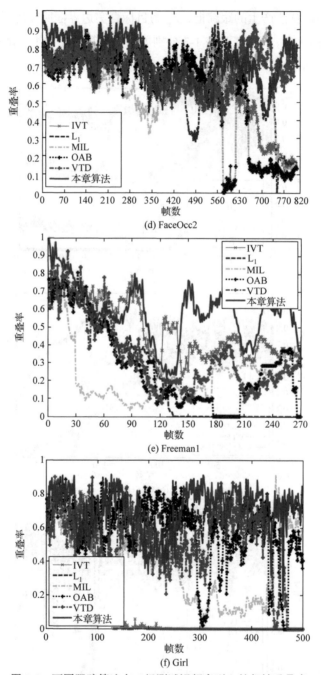

图 1-5　不同跟踪算法在 6 组测试视频序列上的每帧重叠率

实验结果表明，本章算法在面对场景光线剧烈变化、遮挡、尺度变化以及平面旋转等干扰因素时，展现出了较强的鲁棒性，无论是在刚体视频序列还是非刚体视频序列的跟踪任务中，均取得了理想的跟踪效果，整体上其准确性和抗干扰能力优于对比算法。如表 1-2 和表 1-3 所示，本章算法在 6 组测试视频序列上的平均中心位置误差显著低于其他 5 种算法，仅为 5.14 像素，IVT、L_1、MIL、OAB和 VTD 跟踪算法的平均中心位置误差的平均值分别为 22.24 像素、59.61 像素、32.07 像素、28.56 像素和 19.37 像素；本章算法的平均重叠率达到 75.5%，IVT、L_1、MIL、OAB 和 VTD 算法的平均重叠率分别为 45.5%、46.3%、34.8%、46.0%和 46.5%。因此，本章算法的平均中心位置误差远小于其对比跟踪算法，平均重叠率远高于其对比跟踪算法，满足智能监控系统准确性的需求。

本章算法的目标外观描述基于灰度特征、Haar-like 特征及 HOG 特征，其对比跟踪算法 IVT 及 L_1 的目标外观描述基于灰度特征，MIL 及 OAB 的目标外观描述基于 Haar-like 特征。VTD 跟踪算法则根据 HSV 颜色空间的色度、饱和度、明度特征构造外观模型。本章算法及 VTD 跟踪算法都是基于多特征融合表示目标外观模型，但是 VTD 跟踪算法所采用的三种特征都是像素级特征，其在特征提取过程中并不存在耗时的积分等运算。本章算法相对于其对比跟踪算法，在目标表示过程中进行了相对耗时的多特征提取，因而本章算法的实时性相对于其对比跟踪算法较差，其平均帧率约为 12fps(1fps=3.048×10^{-1}m/s)，不能满足智能监控系统实时性的要求。因此，如何在保证跟踪精度的同时提高跟踪速度也是本章算法今后的主要研究方向之一。

1.7　本章小结

本章提出一种基于多特征级联稀疏表示的目标跟踪算法，利用级联稀疏编码优化图像的特征表示。实验结果表明，本章算法对场景光线剧烈变化、遮挡、尺度变化、平面旋转等干扰具有较强的跟踪鲁棒性，对刚体及非刚体目标的跟踪取得较理想的跟踪结果。本章算法具有较高跟踪精度的原因在于，多个互补特征通过两级稀疏编码构造多个观测模型，充分考虑特征邻域的空间关系，且利用目标的多个互补特征构造目标的瞬态及稳态外观模型。本章算法在特征选择过程中，能有效地选择具有区分目标与背景的判别性能较强的特征，构造较为鲁棒的外观模型，从而能较好地应对目标自身形变及外界干扰，取得较好的跟踪结果。本章算法在目标表示过程中进行了相对耗时的多特征提取，其实时性不能满足实际系统的要求。因此，本章算法的主要局限性在于：①对所有视频序列都提取相同的三种互补特征，不能根据视频属性自适应地提取特征；②不能具体衡量出各特征描述目标能力的大小；③提取多个互补特征时相对耗时。

第2章　基于目标性度量学习的加权多示例跟踪方法

2.1　引　　言

视觉跟踪技术的主要难点在于对目标跟踪算法的鲁棒性、准确性和快速性的要求。实用的目标跟踪系统要求目标跟踪算法同时满足上述三个要求。判别式模型的跟踪算法在执行过程中，综合利用了目标区域与背景区域的信息，将跟踪任务视为一个二分类问题来处理。这种算法通过明确区分目标与背景，提高了跟踪的准确性，因此，基于判别式模型的跟踪算法在跟踪精度上普遍优于生成式跟踪算法。综上所述，本章对判别式目标跟踪算法进行研究，传统的判别式目标跟踪算法的主要思想是通过标记出起始视频帧中待跟踪目标的位置，对跟踪过程中所采集的样本进行训练学习，利用分类器确定当前帧中待跟踪目标的位置。然而，在训练过程中分类器输出不准确的目标位置时，利用该位置采集的正负样本更新分类器会产生较大的误差，误差的不断积累会严重影响分类器的性能，最终可能导致目标发生漂移甚至丢失现象。

多示例学习跟踪算法作为判别式跟踪算法的典型代表，在视频目标跟踪中获得了很大的成功。本章主要对基于多示例学习的判别式跟踪算法进行研究，针对多示例学习跟踪算法具有较强的容错性，能够避免跟踪过程中样本歧义性导致的误差累积的优点，以及存在样本包概率计算缺乏判别性、分类器参数更新误差累积和候选样本采样计算复杂度较大的问题，提出相应的改进算法，并对其进行实验验证。2011 年，Babenko 等[17]提出在线多示例学习目标跟踪算法，该算法将多示例学习的思想引入在线跟踪中，利用多个样本组成的样本包代替单个样本训练分类器，解决分类器训练中样本不确定的问题，从而保证分类器正确更新[18]。基于多示例学习思想的目标跟踪算法，可以减少目标跟踪过程中的漂移问题，在此基础上，文献[19]提出传统的多示例学习跟踪算法，采用噪声或(Noisy-OR，NOR)模型来求取样本包的概率，其假设样本包中的每个示例独立且对包的贡献相同。文献[19]指出，依据 NOR 模型的样本包概率计算方法假设不合理，认为包中示例样本与目标的关系取决于样本和目标之间的距离，提出基于欧氏距离权重分配的在线加权多示例学习跟踪算法。文献[20]提出一种基于逻辑回归样本包概率计算的多示例跟踪算法。此外，文献[21]和[22]分别从示例样本特征选择和分类器选择的角度出发对文献[13]中算法进行改进，文献[21]通过选择出判别性能较好的示例样本优化包的损失函数,提高算法的跟踪性能;文献[22]通过优化正、负包函数间隔选择出判别性较强的弱分类器,实现判别性特征的选择,从而更准确地跟踪目标。

尽管基于多示例学习框架的目标跟踪算法在一定程度上表现出较好的跟踪性能,并能克服目标形变及漂移问题,但该类算法主要存在以下问题:①在训练分类器时,由于训练是针对每个包而非每个示例,因此在构建分类器的过程中,对所有样本包中的正、负示例样本赋予相同的权重,忽略了不同示例对所跟踪目标的重要性不同,最终影响算法的跟踪精度;②采用穷举法进行样本选择,增加了计算开销;③在分类器的更新过程中,始终采用固定的学习率对弱分类器进行调整可能会导致误差累积,进而影响分类器整体的精度表现。

针对多示例学习跟踪算法存在的上述问题,本章提出一种基于目标性度量学习的加权多示例跟踪算法。虽然近年来提出了大量基于多示例学习框架的改进目标跟踪算法,并表现出较好的跟踪性能,但是现有的基于单目标的跟踪算法很少利用目标性的概念。文献[22]在目标检测中提出目标物体必须是一个具有明确边界和中心且独立存在的物体。文献[23]提出目标性度量的概念,在目标检测中衡量图像块包含完整目标的程度。由于目标性度量的概念是针对复杂多变的目标检测场景提出的,而视频目标跟踪场景相比检测场景更加简单,研究对象相对单一,视频跟踪场景相对稳定,因此本章将目标性度量学习的思想引入单目标跟踪中,利用该思想衡量多示例学习跟踪算法中示例样本的目标性,从而区分性地计算每个示例对包概率计算的贡献,提高跟踪精度。同时,为了减小计算负荷,采用由粗到精细(coarse-to-fine)的样本采样方法改进多示例学习中的穷举样本采集方法。此外,为了有效应对目标外观模型的变化,采用自适应学习率的分类器参数更新方法,根据分类器的得分对跟踪结果及目标模板进行更新,并且采用目标匹配约束策略对目标的遮挡及漂移进行估计,从而减小模板的误差累积,这有利于目标从漂移现象中恢复。

本章内容的具体安排:2.2 节对基于目标性度量学习的加权多示例跟踪算法进行整体框架描述;2.3 节介绍目标性度量学习;2.4 节介绍基于目标性度量权重分配的包概率计算;2.5 节介绍基于自适应学习率的分类器更新;2.6 节介绍在线目标匹配约束;2.7 节介绍基于其他指标的目标性度量;2.8 节在若干实验视频上验证本章提出的跟踪算法的跟踪性能;2.9 节对本章内容进行小结。

2.2 基于目标性度量学习的加权多示例跟踪算法整体框架

多示例学习跟踪算法采用多个示例构成的样本包对分类器进行训练,一定程度上解决了由样本歧义性引起的跟踪漂移问题。本章所提出的基于目标性度量学习的加权多示例跟踪算法整体框架流程如图 2-1 所示,该算法的主要思想如下所述。

设 $l_t(x) \in \mathbb{R}^2$ 为示例 x 在第 t 帧的位置，相应第 t 帧中跟踪目标的位置为 l_t^*。在目标跟踪过程中，以当前帧目标位置 l_t^* 为中心，在 α 为半径的区域内采集 L 个正样本构成正样本包 $X^+ = \left\{ x \mid \left\| l_t(x) - l_t^* \right\| < \alpha \right\}$；在半径为 ξ 和 β 的区域内随机选取 L 个负样本构成负样本包 $X^- = \left\{ x \mid \xi < \left\| l_t(x) - l_t^* \right\| < \beta \right\}$。将每个示例样本由一组 Haar-like 特征表示，用于分类器的训练。在分类器的训练阶段，挑选 K 个最优的弱分类器构建当前帧的强分类器 $H_K(\cdot)$。对于第 N 帧图像，为了减小计算负荷，本章利用 coarse-to-fine 的候选样本采样方法。首先，以第 N 帧的目标位置 $l_t(x^*)$ 为中心，γ_c 为半径，用滑动窗口(简称"滑窗")搜索方法构造粗示例样本集 X^{γ_c}，在此，滑窗步长(搜索步长)为 Δ_c，即 $X^{\gamma_c} = \left\{ x \mid \left\| l_{t+1}(x) - l_t \right\| < \gamma_c \right\}$。然后，利用强分类器 $H_K(\cdot)$ 在 X^{γ_c} 中寻找置信度最大的候选样本，由置信度最大的候选样本确定 N 时刻目标的粗略位置 $l'_{t+1}(x^*)$，即 $l'_{t+1}(x^*) = l(\arg\max_{x \in X^{\gamma_c}} p(y=1 \mid x))$。接着，以 $l'_{t+1}(x^*)$ 为中心，γ_f 为半径，采用基于小步长 Δ_f 的精细滑动窗口搜索方法构造相应的精细示例样本集，即 $X^{\gamma_f} = \left\{ x \mid \left\| l_{t+1}(x) - l'_{t+1} \right\| < \gamma_f \right\}$，并利用 $H_K(\cdot)$ 在 X^{γ_f} 中寻找置信度最大的候选样本，由置信度最大的候选样本确定 N 时刻目标的位置，即 $l_{t+1}(x^*) = l\left(\arg\max_{x \in X^{\gamma_f}} p(y=1 \mid x)\right)$。通过上述 coarse-to-fine 的候选样本采样方法，算法样本采集的计算复杂度从穷举搜索方法的 $\pi\gamma_c^2$ 下降为 $(\pi\gamma_c^2 / \Delta_c^2 + \pi\gamma_f^2)$。最后，对于新的图像序列，基于新的目标位置 l_{t+1}^*，重复上述过程，获得下一帧目标的正样本包 X^+、负样本包 X^-，采用自适应学习率的方法对分类器的参数进行在线更新，同时采用目标匹配约束策略对目标的遮挡及漂移进行估计。

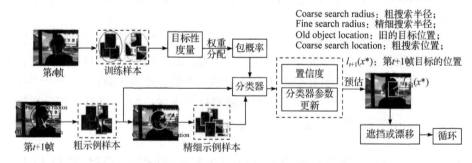

图 2-1　基于目标性度量学习的加权多示例跟踪算法流程

2.3　目标性度量学习

目标性度量(objectness measure)的基本思想是用一个函数值反映图像块包含

完整目标的程度。文献[24]指出，超像素跨度(superpixels straddling，ss)是一种具有判别性的目标性度量方法。由于超像素具有捕获目标对象封闭边界的能力，因此本章利用超像素跨度衡量多示例跟踪中每个示例样本的目标性。由于同一目标对象的所有像素属于同一超像素，其形成的目标框不会跨越目标的边界，因此目标物体通常会被分割成若干个超像素区域[23]。基于此，本章利用超像素跨度目标性度量的思想对多示例样本包中的示例进行目标性度量，其样本重要性判别根据示例样本框包含目标对象完整性的程度进行计算。

对于任意的多示例样本图像块 w_j，目标性好的样本图像块恰好能完整包含目标区域，如图 2-2 中的 w_2 所示；目标性较差的样本图像块将会横跨目标区域的超像素，既包含部分目标信息，又包含部分背景信息，如图 2-2 中 w_1、w_3 所示。因此，基于超像素的目标性度量值可表示为

$$ss(w_j,\theta_{ss}) = 1 - \sum_{s \in S(\theta_{ss})} \frac{\min(|s \setminus w_j|,|s \cap w_j|)}{|w_j|} \tag{2-1}$$

式中，$ss(w_j,\theta_{ss})$ 表示第 j 个示例样本图像块的目标性度量值，ss 越大表明样本图像块 w 与目标的紧合度越好，其完整包含目标的程度越大，反之，ss 越小，样本图像块 w 目标性越差；θ_{ss} 为超像素分割的阈值。通过式(2-1)，可获得每个示例样本对应的目标性度量值。本章中，$w_j \subseteq w_{X^+}$，$X^+ = \{x_{1j}, y_1 = 1, j = 0, \cdots, N-1\}$ 为正样本包，$|s \cap w_j|$ 和 $|s \setminus w_j|$ 分别表示超像素 s 在样本图像块 w 内部和外部的区域。

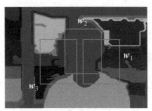

(a) 输入图像   (b) 输入图像的超像素分割

图 2-2 超像素跨度目标性度量

对于任意的样本图像块 w_j，由式(2-1)可得，不管样本图像块包含大量 w 内部的超像素(目标对象的一部分)，还是包含大量 w 外部的超像素(背景的一部分)，其目标性度量值 $ss(w_j,\theta_{ss})$ 都很小，样本的目标性较差；反之，目标性好的样本，其图像块恰好能完整包含目标区域，对应的目标性度量值 $ss(w_j,\theta_{ss})$ 较大。鉴于此，对多示例学习中任意正样本依据式(2-1)进行目标性评估，根据示例的目标性度量值衡量其对包概率计算的重要性。

2.4 基于目标性度量权重分配的包概率计算

MIL 跟踪算法在样本包概率的计算过程中采用 NOR 模型，对示例样本进行简单的求和获得样本包的概率，忽略各示例样本的差异性，导致分类器性能下降，造成误差累积，甚至跟踪漂移的问题。因此，本章在样本包概率的计算中充分考虑各个示例对包的重要性，通过基于超像素跨度(ss)的目标性度量方法获得每个样本的权重，对权重分配的样本进行求和获得样本包的概率。基于超像素跨度的目标性度量权重定义为

$$w_j = \text{ss}(\boldsymbol{w}_j, \theta_{\text{ss}}) \tag{2-2}$$

相应的正样本包的概率为

$$p(y=1 \mid X^+) = \sum_{j=0}^{N-1} w_j p(y=1 \mid x_{1j}) \tag{2-3}$$

式中，w_j 为正样本包中第 j 个示例的权重；$p(y=1 \mid x_{1j})$ 为示例 x_{1j} 的后验概率。

本章提出的基于目标性度量权重分配的包概率计算方法，与文献[17]中基于 NOR 模型和文献[19]中在线加权多示例学习(online weighted multiple instance learning，WMIL)(WMIL 是基于欧氏距离权重分配的包概率计算方法)跟踪方法相比，样本的权重由其目标性度量值决定，目标性度量值越大，示例样本越接近真实的目标。在文献[19]的 MIL 跟踪中，基于 NOR 模型的包概率计算方法对样本包中的示例不加以区分，忽略不同示例对包概率的重要性，导致其不能有效地选择具有区分性的特征，从而造成分类器性能下降；在 WMIL 跟踪中，包概率的计算依据示例样本位置 $l(x_{1j})$ 与跟踪目标位置 $l(x_{10})$ 之间的欧氏距离进行权重分配，从而获得基于欧氏距离权重分配的包概率，即 $p(y=1 \mid X^+) = \sum_{j=0}^{N-1} w_j p(y=1 \mid x_{1j})$，其中，权重 $w_j = \dfrac{1}{c} e^{-|l(x_{1j})-l(x_{10})|}$，$c$ 为归一化常数。WMIL 跟踪中基于欧氏距离的权重计算表明：样本的权重大小由其距离目标的位置决定，示例样本距离目标位置 $l(x_{10})$ 越近，其权重越大，对包概率越重要。然而，如图 2-3 所示，如果当前的跟踪结果不准确，发生漂移的现象，根据欧氏距离进行权重计算时，由于样本 x_{1j} 比样本 x_{1i} 靠近目标位置 $l(x_{10})$，因此样本 x_{1i} 将获得一个比样本 x_{1j} 小的权重，从而样本 x_{1j} 对包概率的重要性高于样本 x_{1i}。此结论与事实相反，如图 2-3 所示，样本 x_{1i} 接近真实目标的程度远高于示例样本 x_{1j}。因此，基于欧氏距离权重分配的包概率计算方法在跟踪过程中，跟踪漂移现象导致跟踪结果存在次优性，从而导致包概率的计算过程可能包含大量背景信息，随着误差的积累，最终出现目标漂移，

甚至丢失的现象。本章基于超像素跨度目标性度量的权重分配方法，通过超像素跨度衡量每个样本包含目标的程度，依据示例样本的目标性度量每个样本对包概率计算的重要性。通过目标性度量有效区分示例样本接近真实目标的程度，从而减小误差的累积，改善跟踪漂移现象。

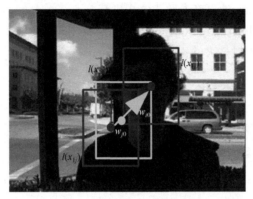

图 2-3　包概率计算示意图

示例样本 x_{ij} 为正样本的后验概率为

$$p(y=1\,|\,x_{ij}) = \sigma\left(\ln\frac{p(\boldsymbol{f}(x_{ij})\,|\,y=1)p(y=1)}{p(\boldsymbol{f}(x_{ij})\,|\,y=0)p(y=0)}\right) \tag{2-4}$$

式中，$\sigma(x)=1/(1+\mathrm{e}^{-x})$，为 Sigmoid 函数，样本 x 由一组 Haar-like 特征 $\boldsymbol{f}(x)=[f_1(x),f_2(x)\cdots,f_K(x)]^{\mathrm{T}}$ 表示。

假设特征向量相互对立，并且 $p(y=0)=p(y=1)$，利用朴素贝叶斯分类器构造相应的弱分类器，因此，强分类器可定义为

$$H_K(x_{ij}) = \ln\frac{p(\boldsymbol{f}(x_{ij})\,|\,y=1)p(y=1)}{p(\boldsymbol{f}(x_{ij})\,|\,y=0)p(y=0)} = \sum_{k=1}^{K}h_k(x_{ij}) \tag{2-5}$$

式中，$h_k(x_{ij})$ 为示例样本构造的弱分类器。本章采用 Haar-like 特征描述目标，通过采集示例样本的 Haar-like 特征构造相应的弱分类器，即

$$h_k(x_{ij}) = \ln\frac{p(\boldsymbol{f}_k(x_{ij})\,|\,y=1)}{p(\boldsymbol{f}_k(x_{ij})\,|\,y=0)} \tag{2-6}$$

式中，假设弱分类器 $h_k(\cdot)$ 的条件分布服从高斯分布，即

$$\begin{cases} p(\boldsymbol{f}_k(x)\,|\,y=1)\sim N(\mu_1,\sigma_1) \\ p(\boldsymbol{f}_k(x)\,|\,y=0)\sim N(\mu_0,\sigma_0) \end{cases} \tag{2-7}$$

在弱分类器更新过程中，其高斯参数 (μ_1,μ_0) 和 (σ_1,σ_0) 通过式(2-8)进行更新：

$$\begin{cases} \mu_1 = \eta\mu_1 + (1-\eta)\overline{\mu} \\ \sigma_1 = \eta\sigma_1 + (1-\eta)\sigma' \end{cases} \tag{2-8}$$

式中，$\sigma' = \sqrt{\dfrac{1}{N}\sum_{i|y_i=1}^{N-1}(f_k(x_i)-\mu)^2}$，$\overline{\mu} = \dfrac{1}{N}\sum_{i|y_i=1}^{N-1}f_k(x_{ij})$，$N$ 为正样本的数目；η 为学习率。参数 μ_0、σ_0 的更新参照式(2-8)进行。

在跟踪过程中使用最大化对数似然(log-likelihood)函数从弱分类器池 $\Phi = \{h_1, h_2, \cdots, h_M\}$ 中挑选 K 个分类能力最强的弱分类器 $h(\cdot)$，将其级联形成强分类器 $H(\cdot)(M > K)$：

$$h_k = \arg\max_{h\in\Phi} \ell(H_{K-1} + h) \tag{2-9}$$

式中，$H_{k-1} = \sum_{k=1}^{K-1}h_k$，为由 $K-1$ 个选择的弱分类器构成的强分类器。包所对应的 log-likelihood 函数 $\ell(H)$ 定义为

$$\ell(H) = \sum_{i=0}^{1}\left(y_i\log\left(\sum_{j=0}^{N-1}w_j p(y=1\,|\,x_{1j})\right) + (1-y_i)\log\left(\sum_{j=N}^{N+L-1}(1-p(y=1\,|\,x_{1j}))\right)\right) \tag{2-10}$$

本章正示例样本的权重分配由其对包概率计算的贡献程度决定。正样本包的概率与所描述示例的目标性有关。目标性较好的示例对包概率计算的贡献程度大，目标性较差的示例对包概率计算的贡献程度小。在负样本包概率的计算过程中，由于负样本包中的示例与当前帧中的目标位置较远，该包中各示例与所跟踪的目标有很大的差异，可以认为其对目标跟踪结果的影响较小。因此，可视负样本包中各示例对包具有相同的重要性，在进行负样本包概率计算时采用恒定的权重分配策略，即

$$p(y=0\,|\,X^-) = \sum_{j=N}^{N+L-1}wp(y_0=0\,|\,x_{0j}) = w\sum_{j=N}^{N+L-1}(1-p(y_1=1\,|\,x_{1j})) \tag{2-11}$$

式中，w 为一常数。

最后，构造相应的强分类器 $H_K = \sum_{k=1}^{K}h_k$，确定目标在下一帧中的位置。

2.5　分类器更新

在分类器更新的过程中，基于多示例学习框架的跟踪算法[12,17]一般选用固定的学习率更新分类器参数。如式(2-8)所示，η 为学习率，其强调当前跟踪结果的重要性；$1-\eta$ 强调目标模板的重要性(当前帧之前的跟踪结果)。通常情况下，在跟踪过程中，由分类器检测到的最"正确"的样本(跟踪结果)，在大多数帧中具有较高的相似度。因此，由强分类器确定的跟踪结果具有较高的分类器得分 $H_{\max}$，这表明，跟踪结果与目标模板具有较高的相似度，需要对当前的跟踪结果赋予较

高的权重。反之，当所跟踪的目标在连续帧中发生遮挡、剧烈的外观变化时，由强分类器确定的跟踪结果将具有较小的分类器得分 $H_{\max}$，即当前的跟踪结果与目标模板具有较小的相似度。在此情况下，强分类器所选择的"最正确"的样本包含更多的背景信息，而不是目标的前景信息。因此，在分类器更新过程中，应该更多地依赖于目标模板信息而不是当前的跟踪结果对分类器的参数进行更新。换言之，固定学习率 η 的方法在分类器参数更新过程中引入较多的背景信息，造成误差的累积，基于固定学习率的分类器更新策略在跟踪过程中表现出一定的局限性。η 选择太小，在目标发生遮挡或漂移现象时，易造成分类器过更新；当 η 太大，分类器的更新将无法适应环境的变化及目标的形变。针对上述问题，本章采用自适应学习率实现分类器参数在不同跟踪情况下的更新。

本章根据当前跟踪结果与目标模板的相似度分数 $H_{\max}$ 在线自适应调整分类器的学习率 η，实现分类器参数的更新。在此，根据目标模板设置阈值 Th。由于在没有先验信息的情况下，通过求取连续帧中相似度分数的平均值可以获得较为可靠的自适应阈值：①当环境等光线变化、遮挡及目标发生形变造成目标外观发生较大的变化或跟踪漂移时，当前的跟踪结果与目标模板具有较小的相似度，$H_{\max}$ 值小于阈值，此时，分类器更新依赖于目标模板，η 取较小值，以避免对模板的"过学习"；②当目标的外观变化缓慢，在连续帧中保持较好的稳定性时，当前的跟踪结果与目标模板的相似度较高，$H_{\max}$ 值大于阈值，当前的跟踪结果具有较高的可靠性，因此分类器参数的更新主要由当前的跟踪结果决定，以克服模板误差对跟踪结果的影响。分类器的更新规则如式(2-12)所示：

$$\eta = \begin{cases} 0.85, & H_{\max} > \text{Th} \\ 0.3, & \text{其他} \end{cases} \tag{2-12}$$

式中，阈值 $\text{Th} = \sum_{u=1}^{U} H_{\max}$，$U$ 为目标模板的数目，u 为目标模板中第 u 个元素。

2.6 在线目标匹配约束

为了实现目标准确的跟踪，本章利用目标匹配约束策略对目标的遮挡和漂移进行在线评估。及时发现目标遮挡及跟踪漂移现象，自适应地实现跟踪结果及目标模板的更新，以减小遮挡及漂移对后续目标跟踪的影响。对于视频序列中任意帧图像而言，在跟踪过程中，由连续 U 帧的跟踪结果(目标位置 l_t^* 及分类器得分 $H_{\max}$)构成其目标模板，用于遮挡及漂移的评估及目标的恢复。如2.5节所述，当前的跟踪结果与目标模板具有较小的相似度分数 $H_{\max}$，即 $H_{\max} < \text{Th}$ 时，目标发生遮挡现象；当 t 时刻所跟踪的目标外观与 $t-1$ 时刻所跟踪的目标外观具有较小的相似度，即目标外观在连续两帧之间发生剧烈的变化时，可认为目标发生跟踪漂移现象，即

$$\text{dist}(\text{hist}(x_t^*), \text{hist}(x_{t-1}^*)) < \theta \qquad (2\text{-}13)$$

式中，$\text{dist}(\cdot)$ 为第 t 帧目标 x_t^* 的外观模型与第 $t-1$ 帧目标 x_{t-1}^* 的外观模型的颜色直方图距离；$\text{hist}(\cdot)$ 为颜色直方图；θ 为预定义阈值。

如果相邻两帧中目标外观模型的颜色直方图距离 $\text{dist}(\cdot)$ 小于阈值 θ，则目标外观在相邻帧之间发生剧烈的变化，目标发生跟踪漂移现象。当目标发生跟踪漂移时，当前帧中目标的跟踪结果具有较小的可靠性，因此，将 $t-1$ 时刻目标的跟踪结果 l_{t-1}^* 作为当前时刻的跟踪结果 l_t^*。同时，目标模板停止更新，即删除 $t-U$ 帧的跟踪结果及增加当前帧的跟踪结果，构造目标模板的过程暂时停止。对于下一帧的视频序列，增大其候选样本的搜索半径以更好地寻找发生漂移现象的目标，即 $\gamma_{t+1,c} = 1.5\gamma_{t,c}$。通过连续帧间目标的匹配约束，当目标发生长时间的遮挡或漂移现象时，由于停止对目标模板的更新，跟踪算法将不会消除之前视频序列可靠的目标信息，同时，也不会从可靠性较低的跟踪结果中学习背景信息，从而有效地避免遮挡及漂移引起的错误样本更新及误差的累积，改善算法的跟踪性能。

综上所述，本章基于目标性度量学习的加权多示例跟踪算法的具体步骤如算法 2-1 所示。

算法 2-1：基于目标性度量学习的加权多示例跟踪算法

初始化：初始帧中手动选择待跟踪的目标，初始化强分类器 $H_0(x_{ij}) = 0$，$i \in \{0,1\}$；

在线跟踪：

For $t = 2$ to end sequence

1) 构造以 $l_t(x^*)$ 为中心，Δ_c 为搜索步长，γ_c 为搜索半径的粗示例样本集 $X^{\gamma_c} = \{x \mid \|l_{t+1}(x) - l_t\| < \gamma_c\}$，通过提取示例的 Haar-like 特征，构造示例特征集 $\{f_k(x)\}$；

2) 使用式(2-7)中预先训练的弱分类器对示例特征进行分类，获取置信度最大的样本 x^* 以及位置信息 $l_{t+1}'(x^*)$，即 $x^* = \arg\max_{x \in X^{\gamma_c}} p(y=1 \mid x_{ij})$；

3) 以粗搜索位置 l_{t+1}' 为中心，Δ_f 为步长，γ_f 为搜索半径构建精细示例样本集 $X^{\gamma_f} = \{x \mid \|l_{t+1}(x) - l_{t+1}'\| < \gamma_f\}$，提取示例的 Haar-like 特征，构建示例特征集 $\{f_k(x)\}$；

4) 通过式(2-7)中预先训练的弱分类器对示例特征进行分类，获得置信度最大的样本 x^*，并将 x^* 的位置 $l_{t+1}(x^*)$ 视为分类器的检测结果，即 $x^* = \arg\max_{x \in X^{\gamma_f}} p(y=1 \mid x_{ij})$；

5) 根据式(2-13)计算当前帧的检测结果与前一帧跟踪目标的相似度，如果相邻帧目标的颜色直方图距离 $\text{dist}(\cdot)$ 小于阈值 θ，则分类器在当前帧的检测结果 x^* 为最终目标信息，否则，用前一时刻的跟踪结果代替当前的检测结果，即当前时刻的目标位置 $l^*_{t+1} = l^*_t$；

6) 获得 $t+1$ 时刻的跟踪结果后，以 l^*_{t+1} 为中心，以 α 为半径采集 N 个样本构造正样本包 $X^+ = \{x \mid \|l_{t+1}(x) - l_{t+1}(x^*)\| < \alpha\}$，以 $\alpha < \xi < \beta$ 为半径采集 L 个样本构成负样本包 $X^- = \{x \mid \xi < \|l_{t+1}(x) - l_{t+1}(x^*)\| < \beta\}$；

7) 利用式(2-2)计算正示例样本的权重；

8) 依据式(2-10)计算样本包的 log-likelihood 函数 $\ell(H)$；

9) 依据 2.5 节设置的变学习率 η 更新弱分类器的参数；

10) 依据 2.6 节基于目标匹配约束的策略对目标模板进行更新；

End

2.7　基于其他指标的目标性度量

2.3 节介绍了利用超像素跨度进行目标性度量，在此，除了超像素跨度可以作为目标性度量指标，还可以采用目标的颜色对比度(color contrast，CC)、目标的边缘密度(edge density，ED)等特征作为示例目标性的度量指标[23,24]。当然，融合多种目标性度量特征比单一地使用一种目标性度量特征会获得更好的效果，但是融合多种特征将增加算法的时间开销。为了更好地对比不同目标性度量指标，本章在实验部分将对基于不同目标性度量指标的跟踪算法进行对比。

基于颜色对比度的目标性度量定义为示例样本图像块 w 与其邻域 $\text{Surr}(w_j, \theta_{\text{CC}})$ 的 LAB 颜色直方图 hist 的卡方距离(Chi-square distance)，即

$$CC(w_j, \theta_{\text{CC}}) = \chi^2(h(w_j), \text{hist}(\text{Surr}(w_j, \theta_{\text{CC}}))) \tag{2-14}$$

式中，$\dfrac{|\text{Surr}(w, \theta_{\text{CC}})|}{|w|} = \theta_{\text{CC}}^2 - 1$，$\theta_{\text{CC}}$ 为预定义值。式(2-14)表示示例样本的图像块 w 包含目标对象的完整程度。

基于目标边缘密度的目标性度量用于测量示例样本图像块边界附近的边缘密度，其定义为

$$ED(w_j, \theta_{\text{ED}}) = \frac{\sum_{p \in \text{Inn}(w_j, \theta_{\text{ED}})} I_{\text{ED}}(p)}{\text{Len}(\text{Inn}(w_j, \theta_{\text{ED}}))} \tag{2-15}$$

式中，$I_{\text{ED}}(p) \in \{0,1\}$，由 Canny 边缘检测算法计算得到；$\text{Len}(\cdot)$ 代表周长；

$\dfrac{|\mathrm{Inn}(\boldsymbol{w},\theta_{\mathrm{ED}})|}{|\boldsymbol{w}|}=1/\theta_{\mathrm{ED}}^{2}$。基于目标边缘密度的目标性度量可获得目标对象的完整边界属性，因此，ED 度量指标反映示例样本图像块 $\boldsymbol{w}$ 内部包含目标边缘的程度。

2.8 实验结果与性能分析

为了验证本章所提出的改进加权多示例学习(improved weighted multiple instance learning, IWMIL)跟踪算法的有效性，将该算法与五种主流的跟踪算法在多个视频序列上进行对比。其中，五种主流的跟踪算法包括 IVT[12]、MIL[13]、OAB[14]、半监督在线增强(semi-supervised on-line boosting, SemiB)[25]和 WMIL[19]。实验旨在评估本章所提出的算法在多种复杂条件下的目标跟踪性能，具体包括光线变化、复杂背景、目标遮挡、尺度及姿势变化，以及平面旋转等干扰因素。为了进一步验证本章算法的有效性，将该算法与基于不同目标性度量指标的加权多示例学习跟踪算法进行对比，该部分内容将在 2.8.3 小节中详细说明。本章所选择的测试视频序列主要来源于 OTB2015 数据集(https://blog.csdn.net/qq_40199447/article/details/106741810)，所有对比算法的参数均遵循原文献中的设置，通过定性和定量两方面对各跟踪算法的性能进行评估分析。

需要特别注意的是，本章实验在众多目标跟踪算法中选取 IVT、MIL、OAB、SemiB 和 WMIL 作为对比算法的原因：本章所提出的跟踪算法是基于 MIL 的改进算法；OAB 和 SemiB 两种算法也是基于多示例学习框架的主流目标跟踪算法；WMIL 是基于欧氏距离权重分配的多示例目标跟踪算法的改进算法；IVT 跟踪算法是生成式跟踪算法的典型代表。综上，在实验过程中，由于篇幅限制，本章在众多目标跟踪算法中选取了一种生成式跟踪算法(IVT)和四种基于多示例学习框架的判别式跟踪算法(MIL、OAB、SemiB 和 WMIL)与本章算法进行对比分析。

2.8.1 参数设置

实验过程中，对所有测试视频序列的起始帧进行手动标注，以确定待跟踪目标的初始位置。设正样本的采样半径 $\alpha=4$，数目 $N=45$；负样本的采样半径 $\xi=2\alpha,\beta=1.5\gamma_{\mathrm{c}}$，数目 $L=42$；弱分类器数目 $M=150$，从中选出 $K=15$ 个构造强分类器。如果在跟踪过程中未检测到目标漂移现象，则候选样本的粗搜索半径 $\gamma_{\mathrm{c}}=30$，步长 $\varDelta_{\mathrm{c}}=4$，精细搜索半径 $\gamma_{\mathrm{f}}=10$，步长 $\varDelta_{\mathrm{f}}=1$，产生 500 个候选样本。若采用穷举法采集候选样本，则产生 2800 个候选样本。反之，当目标发生漂移时，设 $\gamma_{\mathrm{c}}=45$。目标模板的数目 $U=15$，式(2-13)中的预定义阈值 $\theta=0.2$。表 2-1 为本章测试视频序列的属性。

表 2-1 第 2 章测试视频序列的属性

视频序列	帧数	相机运动	遮挡	姿势变化	光线变化	尺度变化	相似目标	快速运动	复杂背景
FaceOcc1	892	是	是	否	否	否	否	否	否
FaceOcc2	812	否	是	是	否	否	否	否	否
Basketball	725	是	是	是	否	否	是	是	否
Tiger1	350	否	是	是	否	否	否	是	是
Sylvester	1345	否	否	是	是	否	否	是	是
david1	471	是	是	是	是	是	否	否	否
trellic	569	是	是	是	是	是	否	否	否
Shaking	365	是	是	是	是	是	是	是	否

2.8.2 定性比较

实验 1：遮挡及姿势变化。

图 2-4 中的 3 组视频序列均遭受严重的遮挡及姿势变化。FaceOcc1 视频序列存在若干帧的脸部遮挡，如图 2-4(a)所示，在该视频序列中，目标位置几乎没有发生变化，从实验结果可以看出，本章算法、IVT 跟踪算法、SemiB 跟踪算法、MIL 跟踪算法、WMIL 跟踪算法都能较有效地处理这种遮挡，其平均中心位置误差分别为 19.51 像素、22.32 像素、29.72 像素、32.02 像素和 28.4 像素，平均重叠率分别为 69.7%、62.9%、59.4%、56.6%和 60.1%；OAB 跟踪算法不能有效地处理遮挡，从#401 帧开始就出现跟踪偏移现象，其平均中心位置误差为 88.69 像素，平均重叠率仅为 17.9%。

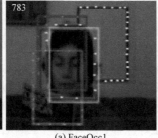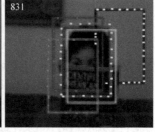

(a) FaceOcc1

(b) FaceOcc2

(c) Basketball

————✕—— IVT ——◆—— MIL ----- OAB ----- SemiB ··★·· WMIL ——— 本章算法

图 2-4 遮挡、姿势变化下的跟踪结果

视频序列 FaceOcc2 相比视频序列 FaceOcc1 增加了脸部旋转，且其遮挡较 FaceOcc1 视频序列严重。在跟踪的全过程中，如图 2-4(b)所示，其脸部旋转过程 (#265 帧～#780 帧)伴有较为严重的遮挡(#265 帧)；从#265 帧开始，跟踪目标戴上一顶与其 T 恤颜色相近的帽子，随后在#717 帧又用书对自己的脸部进行严重遮挡。由于在跟踪过程中存在严重的遮挡，目标外观发生了剧烈的变化，IVT 跟踪算法虽然保持对目标的跟踪，但从#591 帧开始，跟踪框大小发生改变，以致在跟踪后期(#780 帧)跟踪框只包含目标的一部分，其平均中心位置误差仅为 16.21 像素，平均重叠率为 57.2%；OAB 跟踪算法在目标戴上帽子(#591 帧)的瞬间，由于目标外观发生大的变化出现短时跟踪漂移现象，在随后的跟踪过程中恢复跟踪，接着，由于在#717 帧目标出现严重遮挡，OAB 跟踪算法又出现跟踪漂移现象，严重的遮挡使目标外观发生剧烈的变化，从而导致 OAB 跟踪算法在随后的跟踪中一直没有恢复跟踪；SemiB 跟踪算法从#265 帧开始出现漂移现象，随着误差的累积，在#780 帧出现跟踪失败的现象；WMIL 跟踪算法从#265 帧开始出现跟踪漂移的现象；MIL 跟踪算法在跟踪的最后阶段(#780 帧)也出现跟踪漂移的现象。本章算法在跟踪的过程中展现出较为理想的跟踪性能,其平均中心位置误差仅为 17.76 像素，平均重叠率为 58.9%。对比算法 OAB、SemiB、MIL 和 WMIL 的平均中心位置误差分别为 22.32 像素、39.43 像素、18.17 像素和 22.51 像素，平均重叠率分别为 54.9%、50.3%、61.1%和 53.5%。

视频序列 Basketball 相比前两个视频序列存在相似目标的遮挡，目标的快速运动以及较大的姿势变化。如图 2-4(c)所示，由于目标剧烈的外观变化，OAB 及 SemiB 跟踪算法从#83 帧开始发生跟踪漂移，随着误差的累积，出现跟踪失败的现象；IVT 跟踪算法由于目标的快速运动及形变，其跟踪框不能及时更新，从#83 帧开始跟踪框逐渐缩小，以致在#364 帧左右跟踪框消失，发生跟踪失败的现象；MIL 跟踪算法由于相似目标的遮挡，在#364 帧跟踪相似的目标；WMIL 及本章算法能较好地应对目标的外观变化，在整个跟踪序列中较好地实现目标跟踪，其平均中心位置误差分别为 21.82 像素、17.62 像素，平均重叠率分别为 47.4%、56.0%；其他对比算法 IVT、OAB、SemiB 和 MIL 的平均中心位置误差分别为 113.14 像素、141.03 像素、171.73

像素和 106.34 像素，平均重叠率分别为 6.6%、5.2%、2.7%和 22.8%。

实验 2：快速运动、复杂背景及姿势变化、尺度变化。

Tiger1 视频序列中所跟踪的目标为一个快速运动且存在严重遮挡、尺度变化、姿势变化及在复杂背景情况下运动的玩偶。如图 2-5(a)所示，IVT 及 OAB 跟踪算法的跟踪效果最差，从#108 帧开始出现跟踪漂移的现象，其平均中心位置误差高达 107.18 像素和 97.37 像素，平均重叠率仅为 10.9%、10.4%；SemiB 及 MIL 跟踪算法从#139 帧开始出现不同程度的漂移现象，其平均中心位置误差分别为 46.37 像素和 36.94 像素，平均重叠率仅为 40.4%、36.3%。WMIL 跟踪算法从#218 帧开始出现轻微的跟踪偏移现象，其平均中心位置误差为 23.04 像素，平均重叠率为 50.9%。本章算法相比其对比算法能较好地实现目标跟踪，其平均中心位置误差为 21.23 像素，平均重叠率为 63.2%。

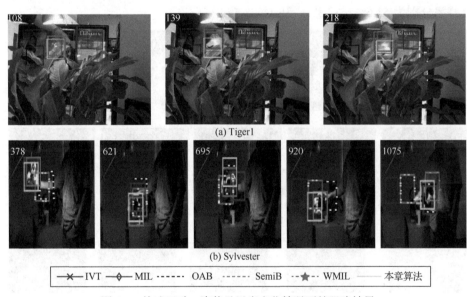

(a) Tiger1

(b) Sylvester

图 2-5　快速运动、姿势及尺度变化情况下的跟踪结果

Sylvester 视频序列相比 Tiger1 视频序列增加了光线变化，且为一长视频序列。长视频序列的目标跟踪要求跟踪算法具有较好的跟踪鲁棒性，能适应目标外观的变化。如图 2-5(b)所示，OAB 及 SemiB 跟踪算法在跟踪过程中只使用单一样本实现分类器的更新，随着跟踪帧数的增加，从#378 帧开始发生跟踪漂移现象，由于使用不准确的样本实现分类器的更新，造成分类器的误差不断累积，引起目标丢失现象。IVT 跟踪算法是基于生成式模板的目标跟踪算法，在跟踪过程中，由于目标的快速运动及外观形变，加之环境光照等干扰，目标模板的更新不能适应这种快速的外观变化，从而包含大量背景信息，导致跟踪漂移，以致在#695 帧发生跟踪失败的现

象；本章算法、MIL 及 WMIL 跟踪算法都是基于多示例学习框架的跟踪算法，在分类器更新过程中采用样本包代替单一样本实现对分类器的更新，从而保证分类器的正确更新，因此取得了较好的跟踪效果，其平均中心位置误差分别为 10.81 像素、12.56 像素及 18.29 像素，平均重叠率分别为 61.8%、55.0%及 54.7%。

实验 3：姿势、尺度及光线变化。

David1 视频序列中所跟踪的目标存在尺度变化、光线变化及平面旋转运动，目标在#298 帧摘掉眼镜并在#409 帧重新戴上眼镜。如图 2-6(a)所示，OAB 和 SemiB 跟踪算法的跟踪效果较差，从#72 帧开始发生目标漂移现象，虽然在#182 帧不同程度地恢复对目标的跟踪，但从#409 帧开始发生目标丢失的现象；IVT、MIL、WMIL 跟踪算法及本章算法均显示出了良好的跟踪性能，具体而言，这些算法的平均中心位置误差分别为 7.08 像素、21.07 像素、19.97 像素及 11.25 像素，平均重叠率分别为 53.6%、37.3%、36.1%及 54.2%。

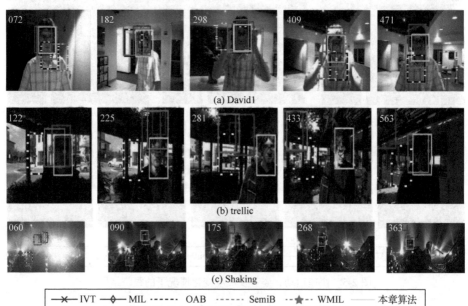

图 2-6　姿势、尺度及光线变化情况下的跟踪结果

trellic 视频序列中所跟踪的目标为一在室外环境下运动的人脸部，该视频序列存在严重的光线变化、目标尺度变化及平面旋转。如图 2-6 (b)所示，除本章算法外的其他 5 种对比算法均不能适应目标的外观变化及环境光照干扰，从#122 帧开始发生不同程度的漂移现象，随着误差的累积，从#225 帧开始发生不同程度的跟踪失败现象。本章算法具有较高的目标跟踪精度，其平均中心位置误差仅为 12.54 像素，平均重叠率高达 57.8%。对比算法 IVT、OAB、SemiB、MIL 及 WMIL 的平均中心位置误差分别为 92.65 像素、77.35 像素、80.18 像素、68.79 像素和

61.96 像素，其平均重叠率分别为 26.9%、13.6%、15.4%、26.4%和 23.5%。

　　Shaking 视频序列存在严重的平面旋转及姿势变化，并伴随舞台场景的强光线变化。如图 2-6(c)所示，本章算法获得最优跟踪结果，MIL 跟踪算法获得次优跟踪结果，它们的平均中心位置误差分别为 12.02 像素和 12.55 像素，平均重叠率分别为 62.0%和 58.0%。OAB 及 SemiB 跟踪算法的跟踪效果最差，从#60 帧开始发生目标丢失现象。IVT 跟踪算法从#90 帧开始发生目标丢失现象。WMIL 跟踪算法的跟踪性能次于MIL 跟踪算法及本章算法，在#175 帧左右发生些许跟踪漂移现象。

2.8.3　基于不同目标性度量指标的加权多示例跟踪算法对比实验

　　为了验证本章算法的有效性，将该算法与基于不同目标性度量指标的加权多示例跟踪算法进行对比分析。本章设计 2.7 节所提出的基于颜色对比度目标性度量的跟踪算法 (IWMIL_CC) 和基于边缘密度目标性度量的跟踪算法(IWMIL_ED)，将该两种基于目标性度量权重分配的多示例跟踪算法与本章所提出的改进加权多示例学习(IWMIL)跟踪算法进行对比实验，并选择 MIL、WMIL跟踪算法作为基准算法，对基于多示例学习框架的 5 种跟踪算法在 4 组测试视频序列上进行性能评估，其实验结果如图 2-7 所示，相应的跟踪精度曲线及跟踪成

(a) FaceOcc1

(b) FaceOcc2

(c) David1

(d) trellic

——★—— MIL　--┼-- WMIL　--┼-- IWMIL_CC　----- IWMIL_ED　—— 本章算法

图 2-7　基于不同目标性度量指标的加权多示例跟踪算法对比实验结果

功率曲线如图 2-8(b)及图 2-9(b)所示。与其他 4 种基于多示例学习框架的跟踪算法相比，本章算法的跟踪结果较优，其能适应目标的遮挡、快速运动、光线变化、姿势变化及尺度变化。因此，本章基于超像素跨度目标性度量权重分配策略的跟踪算法具有较好的跟踪性能。

2.8.4　定量比较

为了评估不同算法在多样化条件下的跟踪鲁棒性，依据 1.6.3 小节所描述的方法，采用中心位置误差和重叠率作为评估指标，对各视频序列的跟踪结果进行定量分析。各种算法在测试视频序列上的平均中心位置误差与平均重叠率见表 2-2、表 2-3。各跟踪算法在测试视频序列上的中心位置误差曲线、基于 MIL 框架的跟踪算法在 4 组测试视频序列上的跟踪精度曲线可见图 2-8。此外，基于 MIL 框架的各跟踪算法在测试视频序列上的平均中心位置误差及平均重叠率如表 2-4、表 2-5 所示。各跟踪算法在测试视频序列上的每帧重叠率如图 2-9(a)所示，基于 MIL 框架的跟踪算法在 4 组测试视频序列上的跟踪成功率曲线如图 2-9(b)所示。跟踪精度曲线图以 0～50 像素的位置误差为阈值，通过改变阈值的大小，获得目标的跟踪精度；跟踪成功率曲线图以 0～100%的重叠率为阈值，通过改变重叠率阈值获得跟踪成功率曲线。

表 2-2　各跟踪算法的平均中心位置误差　　　　　（单位：像素）

视频序列	IVT	OAB	SemiB	MIL	WMIL	本章算法
FaceOcc1	*22.32*	88.69	29.72	32.02	28.4	**19.51**
FaceOcc2	**16.21**	22.32	39.43	18.17	22.51	*17.76*
Basketball	113.14	141.03	171.73	106.34	*21.82*	**17.62**
Tiger1	107.18	97.37	46.37	36.94	*23.04*	**21.23**
Sylvester	53.11	*11.41*	18.8	12.56	18.29	**10.81**
David1	**7.08**	27.74	51.97	21.07	19.97	*11.25*
trellic	92.65	77.35	80.18	68.79	*61.96*	**12.54**
Shaking	86.09	142.67	133.63	*12.55*	23.8	**12.02**
平均值	62.22	76.07	71.48	38.56	*27.47*	**15.34**

表 2-3　各跟踪算法的平均重叠率

视频序列	IVT	OAB	SemiB	MIL	WMIL	本章算法
FaceOcc1	*0.629*	0.179	0.594	0.566	0.601	**0.697**
FaceOcc2	0.572	0.549	0.503	**0.611**	0.535	*0.589*
Basketball	0.066	0.052	0.027	0.228	*0.474*	**0.560**

续表

视频序列	IVT	OAB	SemiB	MIL	WMIL	本章算法
Tiger1	0.109	0.104	0.404	0.363	*0.509*	**0.632**
Sylvester	0.343	*0.567*	0.498	0.550	0.547	**0.618**
David1	*0.536*	0.344	0.217	0.373	0.361	**0.542**
trellic	*0.269*	0.136	0.154	0.264	0.235	**0.578**
Shaking	0.041	0.017	0.039	*0.580*	0.418	**0.620**
平均值	0.321	0.244	0.305	0.442	*0.460*	**0.605**

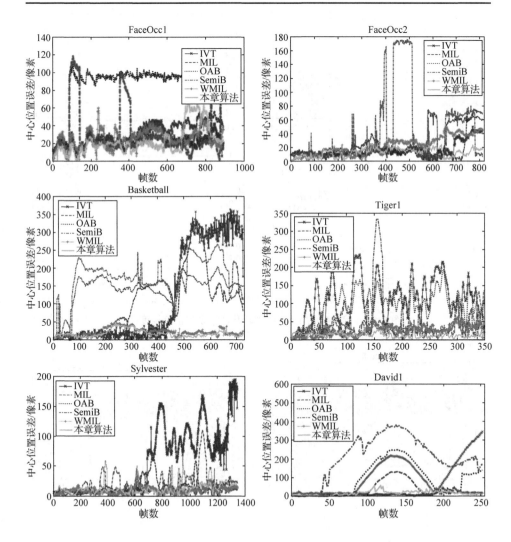

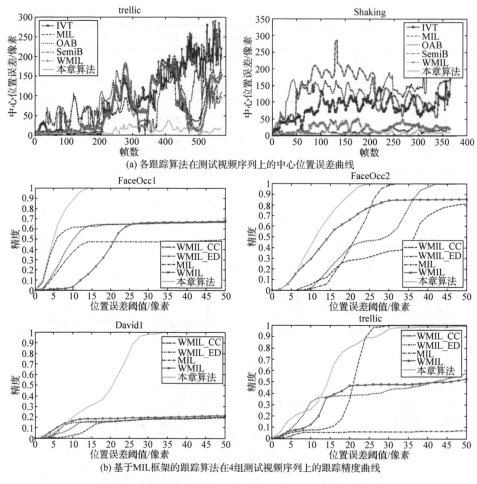

(a) 各跟踪算法在测试视频序列上的中心位置误差曲线

(b) 基于MIL框架的跟踪算法在4组测试视频序列上的跟踪精度曲线

图 2-8　各跟踪算法的中心位置误差曲线和跟踪精度曲线

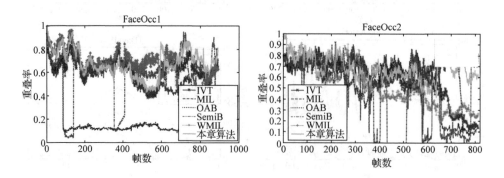

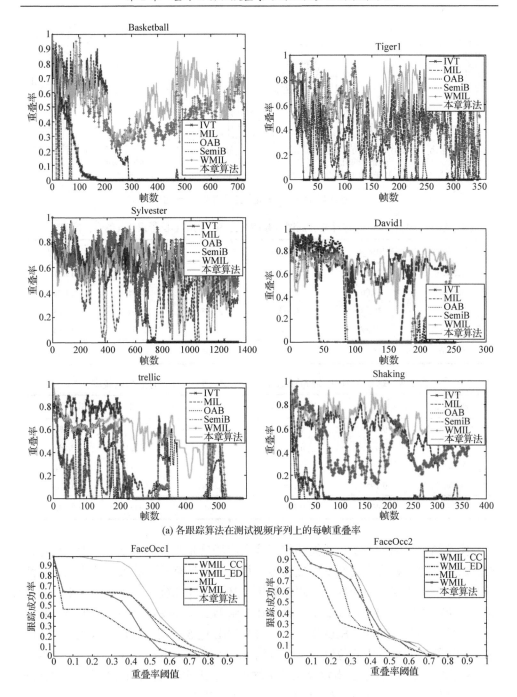

(a) 各跟踪算法在测试视频序列上的每帧重叠率

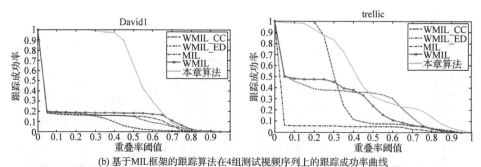

(b) 基于MIL框架的跟踪算法在4组测试视频序列上的跟踪成功率曲线

图 2-9　各跟踪算法的每帧重叠率和跟踪成功率曲线

表 2-4　基于 MIL 框架的跟踪算法在测试视频序列上的平均中心位置误差 (单位：像素)

视频序列	WMIL_CC	WMIL_ED	MIL	WMIL	本章算法
FaceOcc1	*22.31*	42.25	32.02	28.4	**19.51**
FaceOcc2	27.06	19.3	*18.17*	22.51	**17.76**
Davidi1	30.33	*17.52*	21.07	19.97	**11.25**
trellic	*61.87*	70.26	68.79	61.96	**12.54**
平均值	35.40	37.33	35.01	*33.21*	**15.27**

表 2-5　基于 MIL 框架的跟踪算法在测试视频序列上的平均重叠率

视频序列	WMIL_CC	WMIL_ED	MIL	WMIL	本章算法
FaceOcc1	*0.657*	0.545	0.566	0.601	**0.697**
FaceOcc2	0.491	**0.613**	*0.611*	0.535	0.589
David1	0.287	0.355	*0.373*	0.361	**0.542**
trellic	0.195	0.206	*0.264*	0.235	**0.578**
平均值	0.408	0.430	*0.454*	0.433	**0.602**

　　实验结果表明，本章算法能够较好地适应场景光线变化、复杂背景、目标遮挡、尺度变化、姿势变化及平面旋转等干扰条件，具有较强的跟踪鲁棒性，在测试视频序列上实现了较为理想的跟踪效果，其准确性和抗干扰能力均优于其对比算法。如表 2-2、表 2-3 所示，本章算法在 8 组测试视频序列上的平均中心位置误差显著低于 IVT、OAB、SemiB、MIL 和 WMIL 这 5 种对比算法，仅为 15.34 像素。对比算法的平均中心位置误差分别为 62.22 像素、76.07 像素、71.48 像素、38.56 像素和 27.47 像素。本章算法的平均重叠率达 60.5%，相较之下，对比算法 IVT、OAB、SemiB、MIL 和 WMIL 的平均重叠率分别为 32.1%、24.4%、30.5%、44.2%和 46.0%。因此，本章算法不仅在平均中心位置误差上大幅低于对比算法，而且在平均重叠率上也显著高于对比算法，满足了实际跟踪系统对准确度的要求。

本章基于超像素跨度目标性度量权重分配的加权多示例学习跟踪算法的跟踪性能优于其他基于多示例学习框架的跟踪算法，如表 2-4 中本章算法在 4 组测试视频序列上的平均中心位置误差仅为 15.27 像素，平均重叠率达 60.2%；MIL、WMIL、WMIL_CC 和 WMIL_ED 跟踪算法在 4 组测试视频序列上的平均中心位置误差分别为 35.01 像素、33.21 像素、35.40 像素和 37.33 像素，相应地，这些对比算法的平均重叠率分别为 45.4%、43.3%、40.8%和 43.0%。

2.9　本 章 小 结

本章提出一种基于目标性度量学习的加权多示例跟踪算法，将目标性度量引入样本重要性评估中，利用示例样本的目标性衡量其对多示例包概率计算的重要性。实验结果表明，本章算法表现出较强的跟踪鲁棒性，在测试视频序列上取得了较为理想的跟踪结果，其准确性和抗干扰能力均优于其对比算法。本章算法获得较理想跟踪效果的原因在于：①基于超像素跨度目标性度量权重分配的跟踪算法能区别对待多示例样本包中的示例样本，根据样本的目标性权衡其对包概率的重要性，从而克服 MIL 跟踪算法在跟踪过程中对样本不加以区分，造成分类器性能下降的问题；②变学习率的分类器参数更新方法有助于分类器的正确更新，减弱分类器由误差累积引起的跟踪漂移现象；③基于目标匹配约束策略的目标模板更新方法能有效减小遮挡、目标外观变化引起的跟踪漂移对后续跟踪视频序列的干扰。本章算法是基于多示例学习框架的跟踪算法。多示例学习跟踪算法是一种单尺度跟踪算法，其不具有目标尺度自适应性。由于在实际的跟踪场景中，所跟踪的目标往往存在尺度、姿势等形变，因此单尺度跟踪算法不能满足实际跟踪系统的要求，这也是本章算法的主要局限性。单尺度跟踪算法对目标初始位置的选取有很大的依赖性，在跟踪过程中始终保持固定大小的跟踪框，当目标发生姿势、尺度变化以及遮挡时，其依据跟踪框中不准确的信息采集的正、负样本将存在很大的误差，从而导致所训练的分类器性能下降，不能准确实现目标跟踪。因此，本章算法下一步的研究重点是改进本章算法，融合多尺度理论，提出具有尺度适应性的目标跟踪算法。

第 3 章　基于压缩感知尺度自适应的多示例交通目标跟踪方法

3.1　引　　言

第 1 章提出基于多特征级联稀疏表示的目标跟踪算法，对传统的基于稀疏表示的生成式跟踪算法进行改进，融合多特征互补特性与稀疏编码理论构建目标的外观模型。由于该跟踪算法的实时性有待进一步提高，第 2 章对基于判别式模型的多示例跟踪算法进行研究，融合示例样本的目标性特性，提出一种基于目标性度量学习的加权多示例跟踪算法。第 2 章提出的算法是基于多示例学习框架的跟踪算法，该类算法是一种单尺度跟踪算法，其目标尺度自适应性有待进一步改善以克服实际跟踪场景中所跟踪的目标存在尺度、姿势等形变的问题。针对第 1 章和第 2 章所述的目标跟踪算法实时性及尺度自适应性方面存在的问题，本章提出基于压缩感知尺度自适应的多示例交通目标跟踪算法。

基于视觉的道路交通目标跟踪技术是智能交通的重要研究内容，通过此技术可以获取现场路面的车辆信息、车辆运行轨迹、排队长度等交通参数。道路交通目标的成功跟踪为后续的交通流量分析、车辆分类、路况信息的获取以及驾驶预判提供可靠的信息，有利于避免交通事故的发生和提高驾驶的安全性。

在实际的交通监控场景中，车辆等交通目标在行驶过程中存在尺度、姿势、外观等的变化及环境干扰。同时，实际的交通场景大多以多样性、复杂性和随机性著称。基于视觉处理技术获得的交通信息大多具有海量数据的特点。因此，要实现对车辆等交通目标的跟踪，其跟踪算法必须能适应目标的外观变化及处理海量的交通数据。如果采用传统的跟踪算法，仅仅使用简单的低级像素对目标进行外观描述，其像素量将非常庞大，计算复杂度也随之剧增。因此，准确、鲁棒且实时地实现交通目标的跟踪，依然是一个亟待解决的问题。

本章提出的基于压缩感知理论与超像素目标性度量的尺度自适应多示例交通目标跟踪算法，旨在实现两方面的目标：一方面，利用压缩感知理论减少多示例学习中的特征维度，使得多示例学习算法能够有效处理大规模交通数据，同时降低算法的计算复杂度；另一方面，通过超像素目标性度量的特性，对算法进行局部尺度的自适应调整，克服传统多示例学习算法在单一尺度自适应方面的局限性，从而增强跟踪算法对交通目标在行驶过程中尺度、姿势及外观变化的适应能力。

前文探讨了基于判别式模型的跟踪算法，这类算法在跟踪过程中通过在线训练的方式，利用采集到的正样本和负样本来更新分类器。由于基于判别式模型的跟踪算法将跟踪任务视为一个二分类问题，并且在更新过程中同时考虑了目标区域和背景区域的信息，因此相较于基于生成式模型的跟踪算法，该类算法通常具有更优的跟踪性能。多示例学习(multiple instance learning，MIL)跟踪算法与基于压缩感知理论的压缩跟踪(compressive tracking，CT)算法[26]作为判别式跟踪算法的经典代表，在应用场景中表现出较好的跟踪性能和广泛的适用性。这些算法不仅在跟踪精度上具有优势，而且在处理复杂的视觉变化时也表现出良好的鲁棒性[26]。

CT 及 MIL 跟踪算法都是单尺度跟踪算法，不具有尺度自适应性，其通过从固定大小的图像块中计算类 Haar-like 特征构造相应的目标外观模型。CT 算法与其他算法的主要区别在于图像特征的降维能力。该算法利用压缩感知理论，结合图像的内在稀疏特性，通过随机生成的稀疏测量矩阵实现了从高维原始特征空间到低维特征空间的有效映射，这一过程不仅去除了图像中的冗余信息，并且显著提高了跟踪算法的速度[27]。MIL 跟踪算法通过在线选择一定数目的弱分类器构造相应的强分类器实现目标的跟踪。但是，上述两种基于判别式模型的在线跟踪算法都是单尺度跟踪算法，在跟踪过程中采用固定尺度的跟踪框实现目标的跟踪，无法根据目标尺度的变化而自适应变化，因此存在尺度适应性差的问题。在交通目标跟踪过程中，车辆的行驶往往引起所跟踪目标的尺度、速度及运动方向的变化，加之遮挡、相似目标、光照、背景等干扰，严重影响交通目标跟踪算法的跟踪性能。

单尺度跟踪算法采用固定大小的跟踪框实现目标的跟踪，当所跟踪的目标发生尺度缩小的情况时，其基于固定尺度跟踪框采集的样本将包含大量的背景信息，跟踪框中目标的比例下降，影响正样本的采集，分类器的更新受到影响，随着误差的累积，出现跟踪漂移或失败的现象；当所跟踪的目标尺度发生由小变大的情况时，其固定尺度的跟踪框将只包含运动目标的部分信息，影响负样本的采集，随着目标尺度的逐步增大，目标相似区域的分布也变大，采集的正样本将具有较大的相似度，依据此正、负样本训练的分类器容易引起目标中心在目标相似区域的移动。因此，如何自适应地在跟踪过程中实时调整目标跟踪框的大小，避免目标跟踪框包含大量的背景信息或只包含目标部分局部信息，对于准确提取目标特征、提高算法的跟踪精度具有重要作用，也是大多跟踪算法需要解决的一大问题。

基于多示例学习框架的跟踪算法利用多个样本构造正样本集，取代单一样本进行分类器训练，因此，其具有解决跟踪过程中样本歧义性的特点，从而有利于消除跟踪过程中由样本歧义性问题造成的误差累积和跟踪漂移。但是，基于多示例学习框架的跟踪算法存在以下问题：①在提取 Haar-like 特征描述目标时，其计算非常耗时。②在跟踪过程中由于采用固定尺度的跟踪框，算法对初始位置的选取有很大依赖性。同时，在跟踪过程中始终保持固定大小的跟踪框，当目标发生姿势、尺度变化以及遮挡时，其依据跟踪框中不准确的信息采集正、负样本，并利用所采集的样本进行分类器训练，所训练的分类器对新一帧目标位置进行判断时，背景区域的得分将大于目标区域的得分，引起新一帧图像中目标中心向背景区域偏移，最终导致目标漂移或跟踪失败。③MIL 跟踪算法缺少目标判别机制，在跟踪过程中只是利用当前帧的跟踪结果预测下一帧图像中目标的位置。当目标发生遮挡或漂移现象时，利用最近邻帧预测的目标位置与真实的目标位置存在很大的偏差，从而影响样本采样的准确性，引起分类器性能的下降。

为了解决上述问题，本章首先提出一种基于压缩感知尺度自适应的多示例交通目标跟踪算法，该算法利用压缩感知理论实现高维特征的降维处理，将其映射到低维空间，从而减少了多示例学习中的特征维度，有效降低了算法的计算复杂度，提高了处理效率。其次，针对多示例跟踪算法采用单一尺度的跟踪框，对目标尺度变化不具有鲁棒性的问题，对其进行局部多尺度的超像素目标性度量，实现目标的跟踪。最后，对最终的跟踪结果进行目标性评估，判断其是否存在遮挡或跟踪漂移现象，依据目标判别的结果，实现变学习率的分类器参数更新。

本章内容的具体安排：3.2 节对基于压缩感知的多示例特征提取进行概述；3.3 节对低维压缩特征进行多示例分类；3.4 节介绍基于目标性度量的尺度自适应调整；3.5 节介绍基于目标判别机制的分类器更新；3.6 节在若干测试视频上验证本章提出的跟踪算法的跟踪性能；3.7 节对本章内容进行小结。

3.2 基于压缩感知的多示例特征提取

本章提出一种基于压缩感知尺度自适应的多示例交通目标跟踪算法，通过稀疏测量矩阵实现多示例学习样本从高维特征空间到低维特征空间的映射。

在多示例学习中，目标在第 t 帧图像中的位置设为 l_t^*，在以 l_t^* 为中心，半径 L 的邻域内选取 L 个正样本构造正样本包 $Z^+ = \left\{ z \mid \left\| l_t(z) - l_t^* \right\| < \alpha \right\}$；在远离目标中心 l_t^*，半径 L 的区域内采集 L 个负样本构成负样本包 $Z^- = \left\{ z \mid \xi < \left\| l_t(z) - l_t^* \right\| < \beta \right\}$。

依据文献[26]，多示例学习算法在第 t 帧图像中所采集的正负样本 $z \in \mathbb{R}^{w \times h}$ 与多尺度滤波器 $\{F_{1,1}, \cdots, F_{w,h}\}$ 进行卷积操作，获得其对应的高维特征向量 $\boldsymbol{X} = (x_1, x_2, \cdots, x_m) \in \mathbb{R}^m, m = (wh)^2$，其中 w、h 为样本图像块的宽度、高度。利用稀疏策略矩阵 $\boldsymbol{R} \in \mathbb{R}^{n \times m}$ 实现特征 X 从高维空间向低维空间的映射，获得相应的压

缩特征向量 $V(z) = (v_1, v_2, \cdots, v_n) \in \mathbb{R}^n$：

$$V = RX \tag{3-1}$$

式中，任意的低维特征向量 $v_i \in V$ 由若干个高维特征 x_i 加权获得，即

$$F_{w,h}(x, y) = \frac{1}{wh} \times \begin{cases} 1, & 1 \leqslant x \leqslant w, \quad 1 \leqslant y \leqslant h \\ 0, & 其他 \end{cases} \tag{3-2}$$

由于 R 满足压缩感知的受限等距性质(restricted isometry property，RIP)条件[28]，因此，压缩后的低维特征向量能够保留图像高维特征中的大部分信息，从而保证 v 以极小的误差复原 x。R 中各元素 r_{ij} 满足：

$$r_{ij} = \sqrt{q} \times \begin{cases} 1, & p = \dfrac{1}{2q} \\ 0, & p = 1 - \dfrac{1}{2q} \\ -1, & p = \dfrac{1}{q} \end{cases} \tag{3-3}$$

$q = 2$ 或 3 时，式(3-3)满足 RIP 条件，p 为概率。

对于多示例学习中的每个示例样本，提取其图像块中相应的 Haar-like 特征 $X = (x_1, x_2, \cdots, x_m)$，然后利用式(3-1)中的随机投影矩阵对其进行降维，获得低维空间的压缩特征向量 $V(z) = (v_1, v_2, \cdots, v_n)$，$n \ll m$。

3.3 低维压缩特征的多示例分类

对多示例学习中的正负示例样本通过 3.2 节所述方法获得其相应正负样本包的低维特征向量 $V_i = (v_{i1}, v_{i2}, \cdots, v_{ij})$，其中 v_{ij} 为样本包中的示例样本，标签 $y_i \in \{0,1\}$，样本包的标签定义为 $y_i = \max(\{y_{ij}\})$，利用所得到的低维特征向量训练弱分类器，即

$$h_k(v) = \lg \frac{p(f_k(v_{ij}) \mid y = 1)}{p(f_k(v_{ij}) \mid y = 0)} \tag{3-4}$$

式中，$f_k(v_{ij})$ 为类 Haar-like 特征。弱分类器 $h_k(v)$ 对应的条件概率服从高斯分布，即

$$\begin{cases} p(f_k(v_i) \mid y = 1) \sim N(\mu_i^1, \sigma_i^1) \\ p(f_k(v_i) \mid y = 0) \sim N(\mu_i^0, \sigma_i^0) \end{cases} \tag{3-5}$$

式中，μ_i^1、σ_i^1、μ_i^0、σ_i^0 为弱分类器的 4 个参数。

在跟踪过程中，根据当前帧中的训练数据 $\{(V^+, y_1), (V^-, y_0)\}$ 构建 M 个弱分类

器，并采用梯度下降提升算法(Boosting)，选取 K 个判别能力最强的弱分类器级联形成强分类器 H_K，即

$$H_K = \sum_{k=1}^{K} h_k \tag{3-6}$$

式中，弱分类器 h_k 的选取原则采用最大化 log-likelihood 函数：

$$h_k = \underset{h \in \Phi}{\arg\max}\, \ell(H_{k-1} + h) \tag{3-7}$$

$\ell(H)$ 为正负样本包的极大似然概率：

$$\ell(H) = \sum_{i=0}^{1} \lg p(y_i \mid V_i) \tag{3-8}$$

式中，$p(y_i \mid V_i)$ 为样本包概率，其由示例概率 $p(y_i \mid x_{ij})$ 采用 Noisy-OR 模型表示，即

$$p(y_i \mid V_i) = 1 - \prod_{j=1}^{N} (1 - p(y_i \mid v_{ij})) \tag{3-9}$$

包中的示例概率表示为

$$p(y_i \mid v_{ij}) = \sigma(H(v_{ij})) \tag{3-10}$$

式中，$\sigma(v) = \dfrac{1}{1+\mathrm{e}^{-v}}$，为 Sigmoid 函数。

对于新一帧(第 $t+1$ 帧)的图像序列，在以当前帧位置 l_t^* 为邻域，N 为半径的区域内采集候选样本，即

$$Z^{\gamma} = \left\{ z \,\middle|\, \left\| l_{t+1}(z) - l_t^* \right\| < \gamma \right\} \tag{3-11}$$

式中，$l_{t+1}(z)$ 为候选样本 z 在第 $t+1$ 帧中的位置。

利用式(3-1)对候选样本的高维特征向量进行压缩，获得 Z^{γ} 中每一个示例样本的低维特征 $V(z) = (v_1, v_2, \cdots, v_n)^{\mathrm{T}}$。同时，使用式(3-6)中的强分类器 H_K 对候选样本进行分类，获取第 N 帧中使得强分类器 H_K 最大的候选示例样本对应的位置，即

$$l'_{t+1} = l(\underset{z \in Z^{\gamma_r}}{\arg\max}\, p(y=1 \mid v)) \tag{3-12}$$

3.4 基于目标性度量的尺度自适应调整

文献[17]、[19]指出，MIL 跟踪算法和加权多示例学习(WMIL)跟踪算法都是根据使强分类器 H_K 最大的候选样本对应的位置确定最终的跟踪结果。MIL 跟踪算法和 WMIL 跟踪算法在跟踪过程中始终采用单一尺度的跟踪框实现目标的跟踪，在整个图像序列中保持跟踪框大小不变。这种采用固定尺度跟踪框的单尺度

跟踪算法不具有尺度适应性，不能应对目标姿态、尺度的变化及遮挡、视角变化等问题。针对此问题，本章利用第 2 章所述的超像素目标度量特性对基于多示例学习框架的跟踪算法进行修正，对强分类器检测到的目标位置进行基于超像素目标性度量的局部多尺度自适应调整，确定算法最终的跟踪结果，获得目标最终的位置信息。

如第 2 章所述，超像素目标性度量的原则是用一个函数值表示图像块包含目标完整性的程度。超像素对目标进行分割的依据是图像中相邻像素之间颜色的相似度，根据邻域像素间的相似度，将图像中具有相同或类似特征的像素聚合为一类。

3.4.1　尺度自适应跟踪框选取

针对单一尺度跟踪算法在跟踪过程中由固定大小跟踪框引起的跟踪漂移问题，本章对式(3-12)中强分类器检测到的目标位置 l'_{t+1} 进行尺度约束。将 l'_{t+1} 对应的跟踪框表示为 (c,r,w,h)，其中，(c,r) 和 w、h 分别表示跟踪框的左上角坐标和宽度、高度。对跟踪框 (c,r,w,h) 进行尺度缩放产生多尺度跟踪框序列，设尺度变化系数为 $s=0.7\sim1.2$，由此产生的多尺度跟踪框表示为 $w_{s_i}\in(\mathrm{round}(c\cdot s),\mathrm{round}(r\cdot s),\mathrm{round}(w\cdot s),\mathrm{round}(h\cdot s))$。

由于图像序列连续帧间具有较强的时空相关性，从而连续帧间的目标尺度在相邻帧中不会发生剧烈的变化，因此，本章根据目标在连续帧间较强的时空相关性，定义多尺度跟踪框的选取原则：尺度缩放产生的跟踪框 w_{s_i} 与强分类器检测到的跟踪框 $w_{l'_{t+1}}$ 的重叠面积决定。当两者的重叠面积满足式(3-13)时，则其为候选的多尺度跟踪框，即

$$w_i=\mathrm{overlap}(\mathrm{area}(w_{l'_{t+1}})\cap\mathrm{area}(w_{s_i}))>\theta \tag{3-13}$$

式中，$\theta=0.8$，为阈值。满足式(3-13)的跟踪框组成的候选跟踪框表示为 $W=[w_1,w_2,\cdots,w_n]$。尺度自适应候选跟踪框如图 3-1 所示。在一幅 320 像素×240 像素的图像中，满足上述条件的候选跟踪框一般不会超过 20 个。

图 3-1　尺度自适应候选跟踪框

3.4.2 目标性度量

对 3.4.1 小节所构造的候选跟踪框 W 使用第 2 章所述的超像素跨度(ss)进行目标性度量。对于任意的多尺度跟踪框 w_i，如图 3-2 所示，目标性的强弱由其包含目标的完整性程度决定，一个目标性好的跟踪框恰好能完整地包含所跟踪的目标，如图 3-2(b)中的 w_1 所示；一个目标性较差的跟踪框将会横跨目标区域的超像素，既包含部分目标信息，又包含部分背景信息，或只包含部分目标信息，如图 3-2(b)中 w_2、w_3、w_4 所示。

(a) 原图像　　　　　　　　　　　(b) 超像素目标分割

图 3-2　超像素目标性度量

如第 2 章所述，基于超像素的目标性度量值可表示为

$$ss(w_i, \theta_{ss}) = 1 - \sum_{s \in S(\theta_{ss})} \frac{\min(|s \setminus w_i|, |s \cap w_i|)}{|w_i|} \tag{3-14}$$

式中，$ss(w_i, \theta_{ss})$ 表示第 i 个多尺度跟踪框的目标性度量值，ss 越大表明跟踪框 w_i 与目标的紧合度越好，其完整包含目标的程度越大，反之，ss 越小，跟踪框 w_i 的目标性越差；θ_{ss} 为超像素分割的阈值。通过式(3-14)的计算，可获得任意候选跟踪框的目标性度量值。通过选取使式(3-14)的值最大的跟踪框所对应的位置确定第 $t+1$ 帧图像中目标的位置，即第 $t+1$ 帧图像中目标的位置可表示为 $l_{t+1}^*(w^*) = l(\arg\max_{w_i \in W} ss(w_i))$。

3.5　基于目标判别机制的分类器更新

基于多示例学习框架的跟踪算法，如 MIL 及 WMIL 跟踪算法，都是基于当前帧的跟踪结果采集新的正负样本并对相应的分类器进行更新，同时，利用预训练的分类器对下一帧的候选样本进行检测，预测目标在新一帧图像序列中的位置信息。因此，准确跟踪当前帧中的目标，即当前帧跟踪结果的准确性对后续图像序列中目标的跟踪有重要的影响。由于根据不准确的跟踪结果进行正负样本采集将存在较大误差，依据此新样本训练的分类器也将存在较大的误差，随着误差的累积，将对跟踪算法的准确性产生很大的影响。此外，基于权重分配策略的多示例跟踪算法，如 3.4 节所提出的基于目标性度量的尺度只是有调整的跟踪算法及 WMIL 跟踪算法，都存在样本权重分配的问题，此时不准确的跟踪结果也将导致样本权重分配不合理的问题，致使分类器误差累积，从而引起跟踪漂移或失败的问题。因此，本章在跟踪过程中引入目标判别机制，通过对跟踪算法产生的跟踪结果进行判断，有效地减少由当前跟踪位置不准确导致新一帧样本采样不准确的问题。

在视频跟踪序列中，由于连续帧间较强的时空相关性，目标在相邻帧间不会发生剧烈的变化，因此，本章通过计算连续帧间目标的重叠率判断所跟踪的目标是否发生遮挡或跟踪漂移问题：

$$\text{area}(l_{t+1}^*(\boldsymbol{w}^*)) \cap \text{rea}(l_t^*(\boldsymbol{w}^*)) > \tau \tag{3-15}$$

如式(3-15)所示，如果相邻帧中所跟踪目标的重叠率大于阈值 τ，则表示当前帧的跟踪结果无遮挡且不存在跟踪漂移现象，其跟踪结果较为理想，此时根据第 N 帧的目标位置 $l_{t+1}^*(\boldsymbol{w}^*)$ 采集新的正负样本集 $\{Z^+, Z^-\}$，并依据 3.2 节给出的方法获得相应样本的低维压缩特征 $\{V^+, V^-\}$，依据新的示例特征对分类器的参数 μ_1、σ_1、μ_0、σ_0 进行更新，即

$$\begin{cases} \mu_1 = \eta\mu_1 + (1-\eta)\bar{\mu} \\ \sigma_1 = \eta\sigma_1 + (1-\eta)\sigma' \end{cases} \tag{3-16}$$

式中，$\sigma' = \sqrt{\dfrac{1}{N}\displaystyle\sum_{i|y_i=1}^{N-1}(f_k(x_{ij}) - \mu_1)^2}$，$\bar{\mu} = \dfrac{1}{N}\displaystyle\sum_{i|y_i=1}^{N-1}f_k(x_{ij})$，$N$ 为正样本的数目；η 为学习率。

若相邻帧间目标的重叠率小于阈值 τ，则表示当前的跟踪结果不准确，存在遮挡或跟踪漂移现象。如第 2 章所述，基于多示例学习框架的跟踪算法，如 MIL 和 WMIL 跟踪算法等大多采用固定的学习率 η 对分类器的参数进行更新。采用固定学习率 η 策略的分类器参数更新算法在目标发生遮挡或跟踪漂移现象时存在较大的误差，容易造成错误样本在更新过程中占据主导地位，从而产生误差的累积，影响分类器的跟踪精度和最终的跟踪结果。因此，本章采用第 2 章的更新策略，采用变学习率的方法对分类器的参数进行更新。

当第 $t+1$ 帧中的跟踪结果与第 t 帧的目标重叠率大于阈值 τ 时，采用较大的学习率 η_h，此时分类器更信任当前帧的跟踪结果，据此对分类器参数进行更新。反之，采用较小的学习率 η_l 时，当前帧的跟踪结果很大程度上存在遮挡或漂移现象，分类器参数的更新更依靠于目标模板(第 t 帧之前的跟踪结果)。因此，本章变学习率的分类器参数更新规则可按照式(3-17)进行在线调整：

$$\eta = \begin{cases} \eta_h, & \text{area}(l_{t+1}^*(\boldsymbol{w}^*)) \cap \text{rea}(l_t^*(\boldsymbol{w}^*)) > \tau \\ \eta_l, & \text{area}(l_{t+1}^*(\boldsymbol{w}^*)) \cap \text{rea}(l_t^*(\boldsymbol{w}^*)) \leqslant \tau \end{cases} \tag{3-17}$$

综上所述，本章提出的基于压缩感知尺度自适应的多示例交通目标跟踪算法主要包括初始化、压缩特征提取、分类器学习、多尺度候选跟踪框的获取、跟踪目标位置的确定及基于目标判别机制的分类器参数更新。该算法流程如图 3-3 所示，具体步骤如算法 3-1 所述。

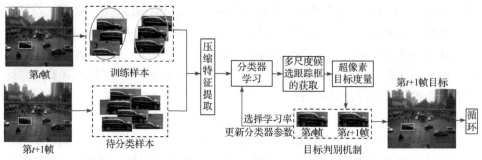

图 3-3　基于压缩感知尺度自适应的多示例交通目标跟踪算法流程

算法 3-1： 基于压缩感知尺度自适应的多示例交通目标跟踪算法

初始化：初始帧中手动选择待跟踪的目标，计算稀疏策略矩阵 $\boldsymbol{R}$，初始化强分类器 $H_0(x_{ij}) = 0$，$i \in \{0,1\}$。

在线跟踪：

For $t = 2$ to end sequence

1) 采集当前帧中正负示例样本，构造相应的正负包，提取示例样本的 Haar-like 特征 $\boldsymbol{X} = (x_1, x_2, \cdots, x_m)$，并利用式(3-1)对其进行降维，获得相应的低维压缩特征 $\boldsymbol{V}(z) = (v_1, v_2, \cdots, v_n)$。

2) 利用正负样本的低维特征向量训练分类器，获得 M 个弱分类器，构造弱分类器池 $\boldsymbol{\Phi} = \{h_1, h_2, \cdots, h_M\}$。

3) 根据式(3-7)，在 $\boldsymbol{\Phi}$ 中挑选 K 个弱分类器构造相应的强分类器 $H_K(x)$。

4) 对于第 $t+1$ 帧图像，在以当前帧目标位置 l_t^* 为中心，N 为半径的区域内采集候选样本，构造候选样本集 $Z^\gamma = \left\{ z \,\big|\, \left\| l_{t+1}(z) - l_t^* \right\| < \gamma \right\}$。提取候选样本的 Haar-like 特征并根据式(3-1)对其进行降维，获得相应的低维压缩特征向量 $\boldsymbol{V}(z)$。

5) 通过 3)中预训练的强分类器 $H_K(\cdot)$ 对候选样本进行分类，获取使 $H_K(\cdot)$ 最大的样本所对应的位置，即 $l'_{t+1} = l(\underset{z \in Z^{\gamma r}}{\arg\max}\, p(y=1|v))$。

6) 根据式(3-13)构造尺度自适应的候选跟踪框 $\boldsymbol{W} = [\boldsymbol{w}_1, \boldsymbol{w}_2, \cdots, \boldsymbol{w}_n]$。

7) 对候选跟踪框 $\boldsymbol{W}$ 根据式(3-14)进行目标性度量，获得第 N 帧图像中目标位置，即 $l_{t+1}^*(\boldsymbol{w}^*) = l(\underset{\boldsymbol{w}_i \in \boldsymbol{W}}{\arg\max}\, ss(\boldsymbol{w}_i))$。

8) 引入目标判别机制，根据式(3-17)对第 N 帧的跟踪结果 $l_{t+1}^*(w^*)$ 进行判断，依据判别结果选择相应的学习率 η，对分类器参数按照式(3-16)进行更新。

End

3.6　实验结果与性能分析

为了验证本章提出的基于压缩感知尺度自适应的多示例交通目标跟踪算法在交通视频序列中的有效性，本节将其与现有算法进行了比较评估。本章算法与基于压缩感知理论的压缩跟踪(compressive tracking，CT)算法[26]、基于多示例学习框架的多示例学习(multiple instance learning，MIL)跟踪算法[17]以及加权多示例学习(weighted multiple instance learning，WMIL)跟踪算法[19]进行了对比。实验设计涵盖了多种复杂条件，包括光线变化、复杂背景、目标遮挡、尺度与姿态变化、旋转、相似目标干扰以及恶劣天气条件，如雨和雪等，以全面评估各算法在交通目标跟踪方面的性能。

测试视频序列包含三组来自标准视频数据库的交通视频序列和三组自摄的实际场景的交通视频序列，其中三组标准的交通视频序列来源于 https://blog.csdn.net/qq_40199447/article/details/106741810。除此之外，为了进一步验证本章算法的有效性，将本章算法与第 1 章提出的基于多特征级联稀疏表示(MFCSR)的目标跟踪算法与第 2 章提出的基于目标性度量的改进加权多示例学习(IWMIL)跟踪算法进行对比，3.6.4 小节将详细叙述该部分内容。

需要说明的是，本章实验环节从众多目标跟踪算法中选取 CT 算法、MIL 及 WMIL 跟踪算法作为对比跟踪算法的原因是，CT、MIL 及 WMIL 跟踪算法与本章所提出的跟踪算法相同，均属于基于判别式模型的跟踪算法，且都基于类 Haar-like 特征构建目标的外观模型。基于多示例学习的跟踪算法与基于压缩感知候选的跟踪算法，作为判别式跟踪算法的代表，均具备优秀的跟踪性能，并已广泛应用于多个领域。但是，这两种算法都属于单尺度跟踪算法，缺乏自适应调整目标尺度变化的能力。WMIL 跟踪算法是 MIL 跟踪算法的改进算法，本章所提出的跟踪算法也为 MIL 跟踪算法的改进算法。由于篇幅的限制和算法实验的目标性，在实验环节中，仅选取 CT、MIL 及 WMIL 跟踪算法作为本章算法的对比算法进行实验评估。

3.6.1　参数设置

实验过程中，4 种跟踪算法的初始待跟踪目标的位置均手动设置，其中各对比算法的参数设置按原文献给出，并通过定性和定量两方面对各跟踪算法的性能进行评估分析。本章所提出的跟踪算法的参数设置：搜索半径 $\gamma = 30$ ，学习率 $\eta_h = 0.85, \eta_l = 0.3$ ，阈值 $\tau = 0.7$ ；正样本半径 $\alpha = 5$ ，负样本半径 $\xi = 2\alpha, \beta = 1.5\gamma$ ；分别采集 50 个正样本和 50 个负样本；弱分类器数目 $M = 150$ ，从中选择 $K = 15$ 个构造强分类器。跟踪框尺度变化系数 $s = 0.7 \sim 1.2$ ，候选跟踪框选取阈值 $\theta = 0.8$ 。表 3-1 为本章测试视频序列的属性描述。

表 3-1　第 3 章测试视频序列的属性

视频序列	帧数	主要特点
Car4	659	遮挡、光线变化
CarScale	252	遮挡、尺度变化
Carchasing_ce1	342	光线变化、遮挡、视角变化
Test1	265	尺度变化、视角变化
Test2	231	尺度变化、视角变化
Test3	243	尺度变化、遮挡、雨雪干扰

3.6.2　定性比较

实验 1：标准视频数据集上交通目标跟踪。

Car4 视频序列中所跟踪的目标为一辆由近及远行驶并伴随尺度变化的车，且在跟踪过程中存在树木及铁桥等遮挡。如图 3-4(a)所示，当所跟踪的目标被树木遮挡时(#39 帧)，4 种跟踪算法均未受到影响，都能较好实现目标的跟踪。由于 CT、MIL 及 WMIL 跟踪算法均采用单一尺度固定大小的跟踪框对目标进行跟踪，随着跟踪目标尺度的不断缩小，加之车辆经过铁桥时(#185 帧～#271 帧)发生剧烈的光线变化，其跟踪框掺杂着大量的背景信息，致使跟踪框中目标的比例下降，随着错误样本的不断累积，对分类器参数的正确更新造成严重影响，从而造成跟踪漂移现象。随着误差的不断累积，#271 帧 CT、MIL 及 WMIL 跟踪算法已不能正确区分目标信息与背景信息，出现跟踪失败的现象。本章所提出的跟踪算法在跟踪的全过程中，引入尺度变化自适应机制，能根据目标尺度的变化自适应调整跟踪框的尺度，从而受目标尺度变化影响较小，能较准确地实现目标的跟踪，其平均中心位置误差仅为 1.16 像素，平均重叠率达 85.0%。CT、MIL 及 WMIL 跟踪算法的平均中心位置误差分别为 87.59 像素、50.77 像素、88.49 像素，平均重叠率分别为 15.4%、25.8%、22.6%。

CarScale 视频序列中所跟踪的目标为一辆疾驰而行的汽车，该视频序列中所跟踪的目标相比 Car4 视频序列中的目标，尺度发生了更大的变化，且目标的快速运动及树木遮挡增加了跟踪的难度。如图 3-4(b)所示，在跟踪的过程中，目标的尺度不断变大，在#142 帧 CT、MIL 及 WMIL 跟踪算法的跟踪框只包含目标的部分信息，在#168 帧目标受到树木的遮挡时，这 3 种算法不能适应目标大的尺度变化及遮挡干扰，发生跟踪漂移现象。本章算法在跟踪过程中利用超像素目标度量特性对目标进行局部尺度自适应调整，能够较好地适应目标的尺度变化。同时，本章算法引入目标判别机制，判断目标是否存在遮挡或漂移，根据目标判别的结果，及时调整分类器的学习率，采用变学习率的方法对分类器参数进行更新，提高分类器的

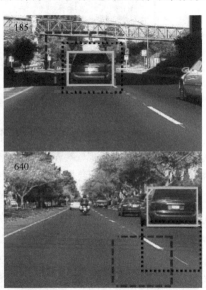

(a) Car4视频序列上的跟踪结果

(b) CarScale视频序列上的跟踪结果

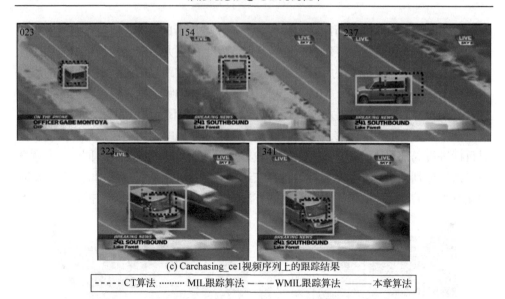

(c) Carchasing_ce1视频序列上的跟踪结果

----- CT算法 ········· MIL跟踪算法 — — WMIL跟踪算法 ———— 本章算法

图 3-4 4 种跟踪算法在标准视频数据集上交通目标的跟踪结果

性能，较为准确地实现目标的跟踪，其平均中心位置误差仅为 1.66 像素，平均重叠率达 82.1%。CT、MIL 以及 WMIL 跟踪算法的平均中心位置误差分别为 71.78 像素、32.94 像素、70.41 像素，平均重叠率分别为 36.1%、41.3%、38.8%。

Carchasing_ce1 视频序列中所跟踪的目标存在 360°的旋转及相似目标的干扰，加剧了跟踪的难度。从图 3-4(c)可知，所跟踪车辆目标的视角从后视角(#23 帧~#154 帧)变为侧视角(#237 帧)，继而又变为前视角(#323、#341 帧)，发生 360°的旋转，且在#323 帧与两辆反向行驶的车辆相遇。由于在行驶过程中目标发生尺度变化，CT、MIL 及 WMIL 跟踪算法的跟踪框在#154、#341 帧只包含目标的部分信息，在#237 帧 MIL 跟踪算法的跟踪框既包含目标的背景信息又包含部分目标信息，在跟踪的全过程中，这 3 种算法不能很好地适应目标的尺度变化，跟踪结果相比本章算法较差。本章算法在跟踪过程中表现出较好的尺度自适应性，其平均中心位置误差仅为 2.94 像素，平均重叠率达 73.2%。CT、MIL 及 WMIL 跟踪算法的平均中心位置误差分别为 11.53 像素、22.39 像素、16.73 像素，平均重叠率分别为 54.1%、37.1%、43.8%。

实验 2：自摄视频数据集上交通目标跟踪。

为了验证本章所提出跟踪算法的普适性，在自摄的一组视频序列上对本章所提出的跟踪算法及其对比算法进行实验。Test1 视频序列为西安某十字路口，所跟踪的目标为一辆尺度及视角均发生变化的汽车。从图 3-5(a)可知，车辆的视角从前视角(#5 帧)变为侧视角(#66 帧、#88 帧、#96 帧、#159 帧)，发生 90°的变化，并且其尺度逐渐变大。虽然在跟踪的全过程中，4 种跟踪算法都能实现目标的跟踪，但 CT、MIL 及 WMIL 跟踪算法基于单一尺度固定大小的跟踪框，在跟踪过程只包含目标的局部信息，不能较好地适应目标尺度及视角的变化，其跟踪

(a) 自摄视频序列Test1上的跟踪结果

(b) 自摄视频序列Test2上的跟踪结果

(c) 自摄视频序列Test3上的跟踪结果

----- CT算法 .... MIL跟踪算法 ——— WMIL跟踪算法 ——— 本章算法

图 3-5　4 种跟踪算法在自摄视频数据集上交通目标的跟踪结果

性能次于本章所提出的跟踪算法；本章算法在跟踪过程中能较好地适应目标尺度的不断变化，其跟踪框基本上能够完全涵盖所跟踪的目标，表现出较好的跟踪性能。

　　Test2 视频序列为西安某十字路口，所跟踪的目标为一辆尺度由大变小并发生旋转的车。由图 3-5(b)可知，所跟踪目标的视角从侧视角(#9 帧、#128 帧)变为后视角(#185、#228 帧)，尺度不断变小。在跟踪的过程中，CT、MIL 及 WMIL 跟踪算法的跟踪框保持其初始大小不变，随着目标尺度的不断缩小，固定大小的跟踪框包含大量的背景信息，致使跟踪框中目标的比例下降，根据此跟踪结果采集的正样本包含大量来自背景的信息，影响分类器的正确更新，造成分类器性能的下降。本章算法在跟踪的过程中，根据目标尺度的变化，实时调整其跟踪框的大小，有效降低背景信息的干扰，保证分类器的正确更新。从图 3-5(b)的实验结果可以看出，本章算法能够很好地实现尺度变化目标的跟踪。从而说明，基于单尺度固定大小跟踪框的跟踪算法，如 CT、MIL 及 WMIL 跟踪算法，对目标的初始位置选取有很大的依赖性，直接影响算法的鲁棒性和普适性。

　　Test3 视频序列中所跟踪的目标为雨雪天西安某一车道上直线行驶的车辆。该跟踪目标在行驶过程中存在换道及超车现象，并伴随由小到大的变化。从图 3-5(c)可以看出，在目标尺度增大的过程中(#92 帧～#143 帧)，CT、MIL 及 WMIL 跟踪算法保持初始跟踪框不变。随着目标尺度的不断变大，目标相似区域的分布也变大，因此 CT、MIL 及 WMIL 跟踪算法所采集的正样本具有较大的相似度，依据此样本训练的分类器性能较差，引起目标中心在目标相似区域不停地移动(MIL、WMIL 跟踪算法的跟踪框位置在#92 帧～#143 帧不停地发生变化)。CT 算法由于误差的累积，发生跟踪失败的现象。本章算法虽然能自适应调整跟踪框尺寸实现目标的跟踪，但其跟踪结果并不理想，在#121 帧、#143 帧其跟踪框并没有完全包围所跟踪的目标，出现这一现象的主要原因是目标的尺度变化加之雨雪天气的影响。

3.6.3　定量分析

为了定量地比较各种跟踪算法在不同条件下的跟踪鲁棒性，本章性能评估指标和第 1、2 章所选取的性能评估指标相同，均为中心位置误差及重叠率。其定义在1.6.3 小节已给出，在此不再赘述。各跟踪算法在测试视频序列上的跟踪精度曲线可见图 3-6，平均中心位置误差可见表 3-2。同时，为了衡量本章算法的计算效率，表 3-2 呈现了本章算法及其对比算法在测试视频序列上的平均帧率。此外，各种跟踪算法的跟踪成功率曲线如图 3-7 所示，平均重叠率如表 3-3 所示。

表 3-2　平均中心位置误差及平均帧率

视频序列	CT 算法	MIL 跟踪算法	WMIL 跟踪算法	本章算法
Car4 (659 帧)	87.59	*50.77*	88.49	**1.16**
CarScale(252 帧)	71.78	*32.94*	70.41	**1.66**
Carchasing_ce1(342 帧)	*11.53*	22.39	16.73	**2.94**
平均中心位置误差的平均值	56.97	*35.37*	58.54	**1.92**
平均帧率	75	38	31	27

注：平均中心位置误差的单位为像素；平均帧率的单位为 fps。

表 3-3　平均重叠率

视频序列	CT 算法	MIL 跟踪算法	WMIL 跟踪算法	本章算法
Car4 (659 帧)	0.154	*0.258*	0.226	**0.850**
CarScale(252 帧)	0.361	*0.413*	0.388	**0.821**
Carchasing_ce1(342 帧)	*0.541*	0.371	0.438	**0.732**
平均值	*0.352*	0.347	0.351	**0.801**

从实验结果可以看出，本章算法能够较好地适应目标的尺度变化、光线变化、遮挡、旋转、快速运动及雨雪天气等干扰，通过在标准视频数据集和自摄视频数据集上的交通目标跟踪结果可以看出，本章所提出的尺度自适应跟踪算法表现出

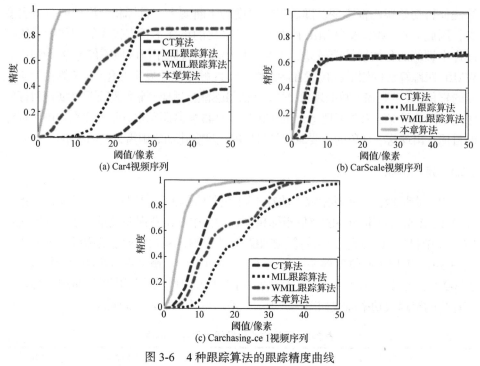

图 3-6　4 种跟踪算法的跟踪精度曲线

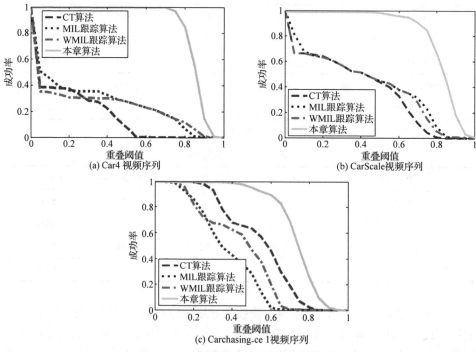

图 3-7　4 种跟踪算法的跟踪成功率曲线

较好的跟踪鲁棒性和普适性，其在 3 组标准视频数据集视频序列上的平均中心位置误差仅为 1.92 像素，平均重叠率达 80.1%。CT、MIL 以及 WMIL 跟踪算法在 3 组标准视频数据集视频序列上的平均中心位置误差分别为 56.97 像素、35.37 像素、58.54 像素，平均重叠率分别为 35.2%、34.7% 及 35.1%。由此得出，本章提出的基于压缩感知理论尺度自适应的多示例交通目标跟踪算法的跟踪性能优于其他对比算法。本章未对自摄视频数据集进行定量评估分析的原因是，自摄视频数据集缺少真值，如果采用自己标注的形式获取真值对各算法进行评估，缺乏公平性。因此，本章只对标准视频数据集的测试视频序列进行公平的定量评估。

最后，对本章所提出的跟踪算法的计算复杂度进行必要分析。本章在实验环节所选取的对比算法与本章算法均属于基于判别式模型的跟踪算法，且都基于类 Haar-like 特征构建目标的外观模型。其中，CT 算法为基于压缩感知理论的判别式跟踪算法，MIL、WMIL 跟踪算法以及本章算法则为基于多示例学习的判别式跟踪算法。因此，4 种相关算法的复杂度差异主要来自样本特征的计算和相关样本权重的设定。CT、MIL 及 WMIL 跟踪算法都是通过从单尺度固定大小的图像块中计算类 Haar-like 特征构造相应的目标外观模型，本章算法是从自适应尺度跟踪框所确定的图像块中选取相应的正负样本，计算对应的类 Haar-like 特征构造目标的外观模型。CT 算法的特别之处在于其对图像稀疏性和压缩感知理论的应用。该算法通过随机生成的稀疏测量矩阵，实现了图像原始特征从高维空间到低维空间的有效映射。这一映射过程去除了图像中的冗余信息，从而在保持跟踪精度的同时，显著降低了算法的复杂度。MIL 跟踪算法引入分类器训练，构建相应的分类器池，并且在外观建模中未涉及冗余信息的去除，因此，相对于 CT 算法增加了特征计算及分类器构造的开销。WMIL 跟踪算法与本章算法均为 MIL 跟踪算法的改进算法，其不同之处在于，WMIL 跟踪算法在跟踪过程中涉及基于候选样本与目标欧氏距离的样本权重分配问题，因此其计算复杂度略有提升，但在弱分类器选择过程中采用基于内积的方法，避免对样本概率的重复计算，其帧率相比 MIL 跟踪算法并没有明显下降。本章算法是基于压缩感知理论与超像素目标性度量的尺度自适应多示例学习跟踪算法，首先根据压缩感知理论，通过降低多示例学习中的特征维度有效地减小了计算的复杂度；其次利用超像素目标性度量进行局部尺度自适应调整，解决多示例跟踪算法中的尺度适应问题。其所增加的计算复杂度主要来自局部尺度自适应调整。因此，总体来说，相对于 CT 算法，本章所提出的算法计算复杂度有所升高，但相比 MIL 跟踪算法，其帧率并没有明显下降。

3.6.4 对比实验

本章算法(CSMIL)是为了解决第 1、2 章中目标跟踪算法在实时性和尺度自适应性方面的不足而设计的改进型算法。为了验证本章算法的有效性，将该算法与第 1 章提出的基于多特征级联稀疏表示(MFCSR)的目标跟踪算法[29]及第2章提出的基于目标性度量的改进加权多示例学习(IWMIL)跟踪算法[30]进行对比分析。选取 L₁ 和 MIL 跟踪算法作为基准算法，在 4 组测试视频序列上进行性能评估，跟踪结果如图 3-8 所示，5 种目标跟踪算法的平均中心位置误差和平均重叠率分别如表 3-4 和表 3-5 所示。设计的实验包括光照剧烈变化、尺度变化、旋转和短时遮挡下的刚体与非刚体目标跟踪。表 3-6 为各对比算法的平均帧率。

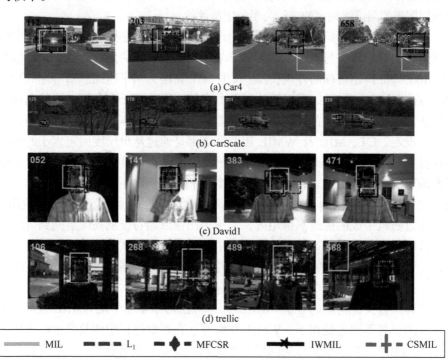

(a) Car4

(b) CarScale

(c) David1

(d) trellic

——— MIL　　■■■ L₁　　◆ MFCSR　　★ IWMIL　　＋ CSMIL

图 3-8　本章算法与第 1、2 章算法的跟踪结果对比

表 3-4　在 4 组测试视频序列上的平均中心位置误差　（单位：像素）

视频序列	MIL 跟踪算法	L₁ 跟踪算法	MFCSR 跟踪算法	IWMIL 跟踪算法	本章算法(CSMIL)
Car4 (659 帧)	53.10	209.22	*2.97*	19.60	**1.16**
CarScale(252 帧)	41.63	51.52	*8.44*	31.02	**1.66**
David1(342 帧)	21.07	61.65	**6.50**	11.25	*7.24*
trellis(569 帧)	68.79	32.35	*11.10*	12.54	**9.83**
平均值	46.15	88.69	*7.25*	18.60	**4.97**

表 3-5　在 4 组测试视频序列上的平均重叠率

视频序列	MIL 跟踪算法	L_1 跟踪算法	MFCSR 跟踪算法	IWMIL 跟踪算法	本章算法(CSMIL)
Car4 (659 帧)	0.258	0.196	**0.873**	0.435	*0.850*
CarScale(252 帧)	0.421	0.515	*0.768*	0.414	**0.821**
David1(342 帧)	0.373	0.223	**0.704**	0.542	*0.694*
trellis(569 帧)	0.264	0.383	**0.710**	0.578	*0.636*
平均值	0.329	0.329	**0.764**	0.492	*0.750*

表 3-6　本章算法与第 1、2 章算法的平均帧率　　　　（单位：fps）

算法	L_1 跟踪算法	MIL 跟踪算法	MFCSR 跟踪算法	IWMIL 跟踪算法	本章算法(CSMIL)
平均帧率	0.3	38	12	30	27

从实验结果可以看出，通过对尺度变化的刚体及非刚体测试视频序列进行实验，本章所提出跟踪算法(CSMIL)的尺度适应性优于第 2 章所提出的目标跟踪算法(IWMIL)，其跟踪中心位置误差和跟踪重叠率都优于第 2 章的目标跟踪算法，较好地解决了第 2 章跟踪算法的尺度适应性差的问题。同时，本章算法在 4 组测试视频序列上的平均帧率达到 27 帧，远高于第 1 章所提出的目标跟踪算法(MFCSR)的平均帧率，较好地解决了第 1 章所提出算法的实时性问题。因此，本章所提出的跟踪算法在保证跟踪精度的同时具有较高的实时性，一定程度上满足视频监控系统实时性和准确性的要求[31]。

3.7　本 章 小 结

本章提出一种基于压缩感知尺度自适应的多示例跟踪算法，并将其应用到交通目标跟踪中。本章算法从目标特征提取、基于超像素目标性度量的尺度自适应跟踪调整及基于目标判别机制的分类器参数更新三方面改进多示例跟踪算法。实验结果表明，本章算法对测试视频序列及自摄视频序列的交通目标跟踪均取得了较为理想的跟踪结果，其准确性和抗干扰能力及普适性均优于其对比算法。本章所提出的跟踪算法具有以下特点：①在目标特征提取过程中引入压缩感知理论，对高维的 Haar-like 特征进行低维映射，减小算法的计算复杂度；②针对固定尺度跟踪框可能导致的目标漂移问题，本章算法对 MIL 跟踪算法中的强分类器进行尺度约束，建立多尺度候选跟踪框，基于超像素目标度量特性对多尺度候选跟踪框进行目标性度量，对最终的跟踪结果进行尺度自适应调整；③为了减小目标姿态变化及遮挡等干扰引起的目标外观变化对跟踪结果的影响，引入基于目标判别机制的分类器参数更新规则，利用连续帧中目标的相似度判断所跟踪的目标是否存在遮挡或漂移问题，并根据目标判别的结果实现变学习率的分类器参数更新；④实验结果表明，本章所提出的跟踪算法能够较好地适应车辆遮挡、旋转、尺度变化和场景光线变化以及目标的快速运动，在目标外观发生变化时表现出较好的鲁棒性。通过在自摄测试视频序列上的实验，验证了本章算法的普适性。但是，本章所提出的跟踪算法对雨、雪、雾等恶劣天气下的目标跟踪表现出一定的局限性，因此，如何提高本章算法在恶劣天气下的跟踪性能将是下一步研究的重点。只有有效地解决基于视觉的道路交通目标跟踪技术受天气、灯光、阴影等因素影响的问题，才能更好地将该项技术应用到智能交通监控的多个方面。

第4章 基于特征学习轨迹置信度计算的多人目标跟踪方法

4.1 引　言

多目标跟踪(multi-object tracking，MOT)是计算机视觉领域的研究重点，在视频监控、交通安全、汽车辅助驾驶系统以及机器人导航定位、人体行为识别等行业有着广泛的应用。多目标跟踪的目的是识别视频监控场景中的相关对象，并在视频序列中估计它们的位置。目前，虽然针对视频监控场景中的目标跟踪方法有很多，但是由于遮挡、漏检、误检和摄像机抖动等，复杂场景中的多目标跟踪仍然是一个难题。

主流的多目标跟踪算法主要遵循检测-跟踪(tracking-by-detection，TBD)的框架，该框架将目标检测器提供的检测响应作为输入，通过视频序列不同帧之间的关联对检测响应进行连接，以获得最终的轨迹。因此，按照 TBD 的范式，MOT 的整个过程可以分为两个模块：检测模块和跟踪模块。在基于 TBD 范式的多目标跟踪中，检测响应是由目标检测器预先提供的，这些预先提供的检测响应存在误检、漏检的问题。跟踪模块中的数据关联模型存在建模不准确，易产生跟踪错误的问题。因此，基于 TBD 范式的多目标跟踪算法普遍存在初始检测结果对跟踪性能有很大的影响及数据关联方法造成跟踪错误的问题。

现有的大多数基于 TBD 范式的 MOT 算法主要关注跟踪模块，包括数据关联和模型优化，如基于多假设的多目标跟踪(multi-hypothesis tracking，MHT)算法、基于联合概率数据关联(joint probabilistic data association，JPDA)的多目标跟踪算法、基于网络流框架的多目标跟踪算法以及基于学习的多目标跟踪算法。在这些多目标跟踪算法中，目标的外观、形状、位置信息通常被用来提高多目标跟踪的性能，增强跟踪模块的鲁棒性。但是，在这些算法中，很少有算法涉及对检测器引起的漏检、误检进行考虑并对其进行补偿。因此，上述问题是基于 TBD 范式的 MOT 算法存在的主要缺点。

由于单目标跟踪 (single object tracking，SOT) 算法在外观模型学习方面取得了显著的成效[32]，因此，将 SOT 算法应用到 MOT 中有助于提升 MOT 的跟踪性能。许多跟踪算法遵循这一思想，直接将 SOT 引入 MOT 中以期提高 MOT 的跟踪性能。但是，SOT 在学习目标外观过程中所使用的样本是基于跟踪结果在线学习得到的，其包含大量噪声样本。同时，在视频监控场景中，多目标间的相互遮挡比较严重。此外，在将 SOT 引入 MOT 的过程中，由于 SOT 需要将新出现的目标实时添加到 MOT 跟踪系统中，直接将 SOT 应用到 MOT 将造成计算成本随跟踪目标数量的增加而指数增加的问题[33]。

基于相关滤波器(correlation filter，CF)的 SOT 算法因 CF 的高效性成为流行的 SOT 框架。受基于 CF 的 SOT 所取得的良好性能的吸引，本章首先将在线 MOT 任务划分为关联模型的建立和基于关联模型的逐帧数据关联两部分。其次，在关联模型的构造过程中，首先将基于核相关滤波器(KCF)的 SOT 引入 MOT 系统中，以捕获在线 MOT 中的上下文信息，及时处理由检测器造成的误检及漏检问题。再次，为了建立一个鲁棒的关联模型，不仅基于核相关滤波器测量检测响应与跟踪目标之间的相似度，而且通过 KCF 的跟踪结果优化目标检测器提供的检测响应。最后，在逐帧数据关联过程中，为了提高数据关联的性能，引入基于平均峰值相关能量(average peak-to-correlation energy，APCE)轨迹置信度的计算方法，将其作为评价跟踪可靠性的指标，根据轨迹置信度将目标跟踪轨迹划分为高置信度轨迹和低置信度轨迹两部分。此外，该方法建立了一个候选目标假设集(candidate target hypotheses set，CTH)，其包括之前帧中跟丢的目标及未匹配的目标轨迹，以提高数据关联的性能。对高置信度轨迹、低置信度轨迹、检测器提供的检测响应以及 CTH 中的候选样本，根据关联模型执行相邻帧之间的数据关联。本章所提出的基于特征学习轨迹置信度计算的多人目标跟踪算法流程如图 4-1 所示。

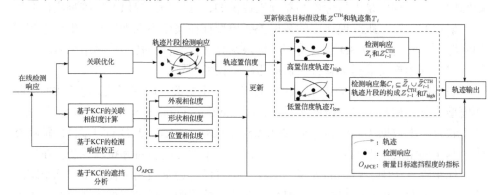

图 4-1　基于特征学习轨迹置信度计算的多人目标跟踪算法流程图

4.2　基于 KCF 学习轨迹置信度计算的多人目标跟踪算法

本章所提出的基于特征学习轨迹置信度计算的多人目标跟踪算法遵循检测-跟踪(TBD)的框架。该算法包含基于 KCF 的关联相似度计算，基于 KCF 的检测响应校正，基于 APCE 轨迹置信度的两步数据关联，以及基于数据关联和 KCF 的候选目标假设集构建。在基于 TBD 的在线多目标跟踪框架中，一个关键步骤是将当前帧中的 N 个检测响应与 M 条轨迹进行关联。假设第 t 帧中，N 个检测响应表示为 $\mathbb{D}_t = \{D_t^1, \cdots, D_t^N\}$，$M$ 条轨迹表示为 $\mathbb{T}_t = \{T_t^j\}_{j=1}^M$。$T^j = [D_k^j \mid 1 \leqslant t_s \leqslant k \leqslant t_e \leqslant t]$ 表示与第 j 条轨迹 T^j 相关联的检测响应，t_s 和 t_e 分别表示轨迹 T^j 的起始帧和终止帧，D_k^j 表示第 k 帧中与轨迹 T^j 相关联的检测响应。在本章所提出的算法中，首先对检测器提供的检测响应进行校正，获得每一帧中候选的目标 $\mathbb{Z}_t$。其次由之前帧中跟丢的目标及未匹配的目标轨迹构建候选目标假设集(CTH)，进一步判断 CTH 中的目标是否能够与检测响应或目标轨迹进行关联。最后依据轨迹置信度将目标跟踪轨迹划分为高置信度轨迹 T_{high} 和低置信度轨迹 T_{low} 两部分进行相应的轨迹关联，并对相应的目标跟踪轨迹及 CTH 进行更新。

4.2.1　基于 KCF 的关联相似度计算

轨迹间相似度计算通常是计算检测响应与轨迹间基于某些特征的相似度，如外观、位置及形状；然后根据不同特征相似度的乘积获得最终的关联模型。依据此思想，本章提出基于 KCF 的关联模型计算方法。

4.2.1.1　基于 KCF 的滤波器构建

本章依据当前帧中被跟踪目标的位置计算相关滤波器的响应值。相关值是衡量两个信号相似程度的指标，两个信号越相似，其相关值就越高。因此，在目标跟踪的应用中，KCF 训练的目的就是设计一个滤波模板，使得当它作用在跟踪目标上时得到的响应值最大[32]。为了降低计算复杂度及避免错误样本造成的误差累积，本章仅使用当前帧的跟踪结果训练 KCF 滤波器。假设当前帧目标的位置为 x，依据此位置按照循环移位的原理所采集的训练样本为 $x_i(w,h) \in \{0,\cdots,W-1\} \times \{0,\cdots,H-1\}$，对于任意的样本 x_i 按照高斯函数计算其对应的标签 $y_i(w,h)$，$y_i \in [0,1]$。当样本 x_i 处于目标中心位置时，其响应值最大，即 $y_i = 1$，反之，当样本 x_i 远离目标中心位置时，其响应值变小。因此，KCF 训练的目的是寻找函数 $f(z) = \boldsymbol{\omega}^T z$ 使误差函数最小，在此，所定义的误差函数为

$$\min_{\omega} \sum_i (f(x_i) - y_i)^2 + \lambda \|\omega\|^2 \tag{4-1}$$

式中，λ 为正则系数；ω 为式(4-1)中的参数解。

通过将低维空间中线性不可分的点引入高维希尔伯特(Hilbert)空间对其进行划分，在此引入非线性映射函数 $\varphi(\cdot)$，则式(4-1)可以写为如下形式：

$$\min_{\omega} \sum_i \left| \langle \varphi(x_i, \omega) \rangle - y_i \right|^2 + \lambda \|\omega\|^2 \tag{4-2}$$

式中，$\varphi(\cdot)$ 是核函数 $\kappa(x, x') = \langle \varphi(x), \varphi(x') \rangle$ 的非线性映射函数。

根据对偶空间理论，ω 可以表示为输入样本非线性映射的加权和：

$$\omega = \sum a_i \varphi(x_i) \tag{4-3}$$

因此，式(4-2)中的参数解由向量 $\boldsymbol{\omega}$ 变成对偶空间向量 $\boldsymbol{\alpha} = (\alpha_1, \cdots, \alpha_n)$。根据映射函数内积对角化的性质，将式(4-3)代入式(4-1)求得向量 $\boldsymbol{\alpha}$ 的离散傅里叶(Fourier)变换的解：

$$F(\alpha) = \frac{F(y)}{F(k^x) + \lambda} \tag{4-4}$$

式中，$F(\cdot)$ 为 Fourier 变换；$y = \left\{ y_i(w, h) \middle| (w, h) \in \{0, \cdots, W-1\} \times \{0, \cdots, H-1\} \right\}$，为样本标签；$k^x = \kappa(x, x')$，为向量的自身核函数，$x$ 在此采用高斯核函数。

在目标跟踪阶段，对于第 $t+1$ 帧中的候选图像块 z，根据之前训练好的模型参数 $F(\alpha)$，计算候选图像块 z 与对偶空间向量 $\boldsymbol{\alpha}$ 的相关性，得到目标响应值的傅里叶变换的解：

$$\hat{y}(z) = \boldsymbol{F}^{-1}\left(\boldsymbol{F}(k^z) \odot \boldsymbol{F}(\alpha) \right) \tag{4-5}$$

式中，$\odot$ 表示向量间的点积；$k^z = \kappa(z, \hat{x}_i)$，表示 z 与目标外观 $\hat{x}_i$ 之间的核相关性。

最后根据相关响应图的最大值位置确定当前帧中目标的位置：

$$R = \max \hat{y}(z) \tag{4-6}$$

式中，R 为最大响应值。

4.2.1.2 基于 KCF 的外观相似度计算

为了充分利用机器学习浅层特征和深度学习深层特征的优点，本章将基于相关滤波的机器学习特征和深度卷积特征相结合来计算被跟踪目标的外观相似度。

(1) 基于 KCF 相关滤波的机器学习外观特征：本章采取基于 KCF 外观相似度特征提取的思路，是为了避免误差累积及跟踪过程中噪声样本对模型训练的影响，仅利用第 $t-1$ 帧中的目标样本训练 KCF 滤波器模型。在多目标跟踪中，对于第 $t-1$ 帧中任意的跟踪目标 x_i，根据循环移位原则采样大小为 $w \times h$ 的候选样本 x_l，其对应的梯度方向直方图(histogram of oriented gradients，HOG)和颜色名称(color name，CN)特征表示为 f_l，则相应的应用于 MOT 中的 KCF 滤波器为

$$\min_{\omega} \sum_l (f_l - y_l)^2 + \lambda \|\omega\|^2 \tag{4-7}$$

式中，y_l 为训练样本；f_l 为期望输出。依据式(4-5)求解式(4-7)的解。

在多目标跟踪阶段，对于第 t 帧中的任意检测响应 z_l，其相应的响应图由式(4-7)中的 KCF 滤波器计算得到：

$$\hat{\boldsymbol{y}}_l = \boldsymbol{F}^{-1}\left(\boldsymbol{F}\left(k^{z_l,f_l}\right)\odot\boldsymbol{F}\left(\alpha\right)\right) \tag{4-8}$$

式中，$k^{z_l,f_l} = \kappa(z_l,f_l)$；$\hat{\boldsymbol{y}}_l$ 为输出向量 $\boldsymbol{y}_l$ 的离散傅里叶变换。通过式(4-8)计算基于相关滤波学习的 HOG 和 CN 外观特征 $\hat{\boldsymbol{y}}_l^{h}$。

(2) 基于 KCF 相关滤波的深度特征：为了充分利用机器学习浅层特征和深度学习深层特征的优点，本章将利用卷积神经网络(convolutional neural network, CNN)提取检测目标的深度特征，在此，采用 VGGNet-19 网络，并将 VGGNet-19 网络的最后一层(Conv1×4)作为式(4-8)的输入，计算获得基于 KCF 的深度特征 $\hat{\boldsymbol{y}}_l^{d}$。

基于 KCF 相关滤波提取检测目标的两类特征 $\hat{\boldsymbol{y}}_l^{h}$ 和 $\hat{\boldsymbol{y}}_l^{d}$，利用库尔贝克-莱布勒(Kullback-Leibler, KL)散度确定每个检测响应图的最优分布，最后，在 MOT 过程中利用 式(4-9)计算第 $t-1$ 帧中所跟踪目标 x_l 与第 t 帧中检测响应 z_l 之间的外观相似度 s_{app}：

$$s_{\text{app}} = \max\frac{\hat{y}_l^{h}\oplus\hat{y}_l^{d}}{2} \tag{4-9}$$

式中，$\oplus$ 代表元素按位加运算。

4.2.1.3　基于 KCF 的形状相似度计算

对于第 $t-1$ 帧中已跟踪的任意目标 x_l 而言，其第 t 帧中的预测位置由 $\hat{y}_l^{h}$ 和 $\hat{y}_l^{d}$ 最大响应值决定。因此，本章定义目标 x_l 在第 t 帧的位置 p 为

$$p = p_{x_i} - \left(\frac{w}{2},\frac{h}{2}\right) + \max\hat{y}_l(z_l) \tag{4-10}$$

式中，p_{x_i} 为目标 x_l 在第 $t-1$ 帧的位置。

本章中定义第 $t-1$ 帧中所跟踪目标 x_l 与第 t 帧中检测响应 z_l 之间的形状相似度 s_{shape} 由 KCF 滤波器预测的目标边界框与检测响应的交并比(intersection-over-union, IoU)决定，即

$$s_{\text{shape}} = \text{IoU}\left(x_l,z_l\right) \tag{4-11}$$

4.2.1.4　运动相似度计算

对于任意的跟踪目标 x_l 与检测响应 z_l，其运动相似度定义为

$$s_{\text{motion}} = G\left(T_{\text{pos}} - z_{\text{pos}},\Sigma\right) \tag{4-12}$$

式中，$G(\cdot,\Sigma)$ 为均值为 0 的高斯函数；T_{pos} 和 z_{pos} 分别为目标 x_l 和检测响应 z_l 的

位置；Σ 为方差。

4.2.2 基于 KCF 的检测响应校正

如图 4-2(a)所示(图片来源为 MOT Challenge 公共数据集)，在 MOT 中目标检测器所提供的检测响应存在漏检、误检等检测错误的问题。因此，本章使用 KCF 滤波器对检测响应进行校正。对于第 $t-1$ 帧中的任意目标 T_{t-1}^{j}，其对应的边界框表示为 $T_{t-1}^{j}=[T_{t-1,\text{pos}}^{j}, T_{t-1}^{j}(w), T_{t-1}^{j}(h)]$。本章利用式(4-8)中所训练的 KCF 滤波器预测 T_{t-1}^{j} 在第 t 帧中的状态：

$$x_t^i = \begin{cases} [T_p^j(x,y), T_{t-1}^j(w), T_{t-1}^j(h)], & \max \hat{y} > \eta \\ \text{加入 CTH}, & \text{其他} \end{cases} \tag{4-13}$$

式中，$T_p^j(x,y)$ 为利用 KCF 滤波器所预测的位置信息；$T_{t-1}^j(w)$ 和 $T_{t-1}^j(h)$ 分别为所预测目标边界框的宽度和高度；$\max \hat{y}$ 为所预测目标的最大响应值；$\eta = 0.7$，为预定义阈值。当所预测目标的最大响应值大于预定义阈值，则将其加入预测目标集 $\mathbb{X}_t$，反之，则将其加入候选目标假设集(CTH)。

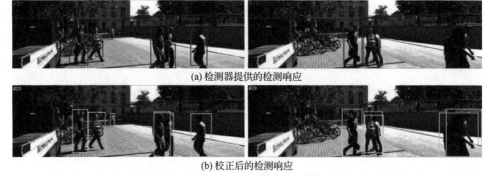

(a) 检测器提供的检测响应

(b) 校正后的检测响应

图 4-2　基于 KCF 的检测响应校正示意图

假设第 t 帧中所有满足式(4-13)的预测目标为 $\mathbb{X}_t = \{x_t^1, \cdots, x_t^M\}$，则本章中第 t 帧的检测响应由两部分组成(图 4-2(b))：

$$\mathbb{Z}_t = \mathbb{D}_t \cup \mathbb{X}_t - \mathbb{D}_t \cap \mathbb{X}_t \tag{4-14}$$

式中，$\mathbb{D}_t = \{D_t^1, \cdots, D_t^N\}$，表示由目标检测器提供的检测响应；$\mathbb{D}_t \cap \mathbb{X}_t$，表示检测响应状态 D_t^i 和目标预测状态 x_t^j 基于 IoU 的冗余消除，其判断依据是 D_t^i 和 x_t^j 的 IoU 是否大于预定义阈值(预定义阈值为 0.6)，当 D_t^i 和 x_t^j 的 IoU 大于预定义阈值时，其表示同一个目标，仅保留检测响应，反之，二者代表不同的目标检测响应，同时保留，从而得到第 t 帧经过 KCF 校正后的检测响应 $\mathbb{Z}_t$。

4.2.3　基于 KCF 的遮挡分析

遮挡和目标间的相互交错是 MOT 中的普遍现象。遮挡往往会引起 KCF 滤波器的响应图发生波动。因此，本章引入 APCE 值计算响应图的波动程度[32]，将其作为遮挡指标度量 MOT 中的遮挡程度。如图 4-3(a)所示，如果所跟踪的目标未被遮挡，APCE 值将会很大，且相应的响应图是单峰的，如图 4-3(c)所示。反之，当所跟踪的目标存在遮挡，如图 4-3(b)所示，其响应图将发生剧烈的波动，且 APCE 值也将显著降低，如图 4-3(d)所示。在本章中，APCE 定义为

$$\text{APCE} = \frac{\left| \hat{y}_l^{\max} - \hat{y}_l^{\min} \right|^2}{\text{mean}\left(\sum_{i=1}^{w \times h} (\hat{y}_l^i - \hat{y}_l^{\min})^2 \right)} \tag{4-15}$$

式中，$\hat{y}_l^i$ 表示第 i 个样本的响应值；$\hat{y}_l^{\max}$ 和 $\hat{y}_l^{\min}$ 分别表示式(4-7)中的最大响应值和最小响应值。

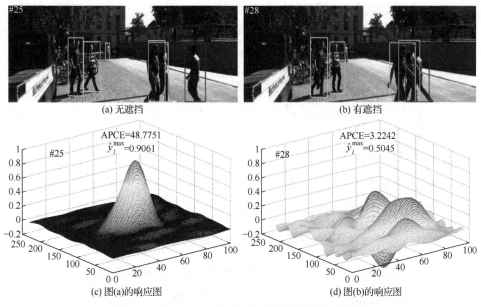

图 4-3　基于 APCE 轨迹置信度遮挡分析的示意图

由于对于任意的跟踪目标 x_l，其 APCE 值远大于 1，因此，本章利用所跟踪目标的 APCE 历史值对其进行归一化处理，作为衡量目标遮挡程度的指标 O_{APCE}：

$$O_{\text{APCE}} = \frac{\text{APCE}(t)}{\max(\text{APCE}(t_s), \cdots, \text{APCE}(t-1))} \tag{4-16}$$

式中，t_s 为所跟踪目标轨迹的起始帧索引；t 为视频帧索引。经过上述计算，得到

第 t 帧中任意跟踪目标的遮挡程度指标 O_{APCE}。

4.2.4 基于 APCE 轨迹置信度的两步数据关联

假设经过 4.3 节检测响应校正后，第 t 帧中存在 N 个候选检测响应 $\mathbb{Z}_t = \left\{ z_t^1, \cdots, z_t^N \right\}$ 和 M 条轨迹 $\mathbb{T}_{t-1} = \left\{ T_{t-1}^1, \cdots, T_{t-1}^N \right\}$，其中，$z_t^i = \left[z_{t,\text{pos}}^i(x, y), z_t^i(w), z_t^i(h) \right]$，$T_{t-1}^j = \left[T_{t-1,\text{pos}}^j, T_{t-1}^j(w), T_{t-1}^j(h), T_{t-1,\text{conf}}^j \right]$。$z_{t,\text{pos}}^i$ 为第 i 个检测响应的位置，$z_t^i(w)$ 和 $z_t^i(h)$ 表示其相应检测边界框的宽度和高度，$T_{t-1,\text{pos}}^j$ 和 $T_{t-1,\text{conf}}^j$ 表示第 j 条轨迹的位置和置信度，$T_{t-1}^j(w)$ 和 $T_{t-1}^j(h)$ 为第 j 条轨迹对应的边界框宽度和高度。在线多目标跟踪的主要任务是对第 t 帧中的检测响应与第 $t-1$ 帧中生成的轨迹进行关联，从而在第 t 帧中生成当前的目标轨迹。

4.2.4.1 基于 APCE 的轨迹置信度计算

由于遮挡及检测响应误差的影响，跟踪器有时无法建立正确的跟踪轨迹。一条较长且具有高置信度的轨迹通常是一条可靠性较高的轨迹[34]。因此，本章引入遮挡程度、轨迹长度及关联相似度计算轨迹的置信度，并且将轨迹划分为高置信度轨迹 T_{high} 和低置信度轨迹 T_{low}，再进行数据关联。本章所定义的轨迹置信度为

$$\text{conf}\left(T^j \right) = \left(\frac{1}{L_j} \sum_{t \in \left[t_s^j, t_e^j \right]} C\left(T^j, z^i \right) \right) \times O_{\text{APCE}} \tag{4-17}$$

式中，L_j 为 T^j 的轨迹长度；$C\left(T^j, z^i \right)$ 为轨迹 T^j 和检测响应 z^i 的关联相似度值；O_{APCE} 为式(4-16)中计算的遮挡程度。当 $\text{conf}\left(T^j \right) > 0.5$ 时，其对应轨迹为高置信度轨迹，反之，其对应轨迹为低置信度轨迹。

4.2.4.2 高置信度轨迹与检测响应之间的数据关联

假设经过式(4-17)的计算，第 t 帧中存在 k 个高置信度轨迹 T_{high}，$\mathbb{Z}_t$ 包含 n 个检测响应，候选目标假设集 $\mathbb{Z}_{t-1}^{\text{CTH}}$ 中存在 m 个检测响应。本章首先对高置信度轨迹进行数据关联，其涉及 T_{high} 与检测响应 $\left\{ z_t^j \right\}_{i=1}^{n+m} \subseteq \mathbb{Z}_t \cup \mathbb{Z}_{t-1}^{\text{CTH}}$ 的数据关联，在此，基于轨迹与检测响应的外观相似度、形状相似度以及运动相似度进行关联关系矩阵的构造：

$$\begin{cases} \boldsymbol{S}_{(k \times n)} = \left[s_{ij} \right]_{k \times (n+m)}, & s_{ij} = -\log\left(C\left(T_{\text{high}}^j, z^i \right) \right) \\ C\left(T_{\text{high}}^j, z^i \right) = -\log\left(s_{\text{app}} \cdot s_{\text{shape}} \cdot s_{\text{motion}} \right) \end{cases} \tag{4-18}$$

式中，s_{ij} 为轨迹 T_{high}^{j} 与检测响应 z^{i} 基于外观相似度 s_{app}、形状相似度 s_{shape} 及运动相似度 s_{motion} 的关联相似度值；$\boldsymbol{S}$ 为由 s_{ij} 构成的关联关系矩阵。

根据所构造的关联关系矩阵，采用 Hungarian 算法解决高置信度轨迹与检测响应之间的最佳关联匹配问题，并根据匹配结果对轨迹的置信度值进行更新，同时对其状态进行相应的调整。

4.2.4.3　低置信度轨迹的数据关联

将高置信度轨迹与检测响应关联之后，假设 $\mathbb{Z}_t$ 集中存在 n' 个未被关联的检测响应 $\overline{\mathbb{Z}}_t = \left\{ c_t^j \right\}_{j=1}^{n'} \subseteq \mathbb{Z}_t$，CTH 中存在 m' 个未被关联的检测响应 $\overline{\mathbb{Z}}_{t-1}^{CTH} = \left\{ c_t^j \right\}_{j=1}^{m'} \subseteq \mathbb{Z}_{t-1}^{CTH}$ 和 q' 个未被关联的轨迹，k' 个未被关联的高置信度轨迹 T_{high}。鉴于低置信度轨迹仅可能处于三种关联状态：与高置信度轨迹关联，或者与检测响应关联，或者终止。本章在此基础上进一步检测是否上述检测响应及轨迹与低置信度轨迹存在关联。假设第 t 帧中存在 l 条低置信度轨迹；h 条未匹配的轨迹(k' 个未被关联的高置信度轨迹 T_{high} 和 CTH 中的 q' 个未被关联的轨迹)，$h = q' + k'$；q 个检测响应 $\mathbb{C}_t = \left\{ c_t^j \right\}_{j=1}^{q} \subseteq \overline{\mathbb{Z}}_t \cup \overline{\mathbb{Z}}_{t-1}^{CTH}$ ($\overline{\mathbb{Z}}_t$ 中 n' 个未被关联的检测响应和 $\overline{\mathbb{Z}}_{t-1}^{CTH}$ 中 m' 个未被关联的检测响应)，$q = n' + m'$，则低置信度轨迹数据关联过程中的关联矩阵为

$$\boldsymbol{X}_{(l+q)\times(h+l)} = \begin{bmatrix} \boldsymbol{A}_{l\times h} & \boldsymbol{D}_{l\times l} \\ -\log\left(\tau\right)_{q\times h} & \boldsymbol{B}_{q\times l} \end{bmatrix} \tag{4-19}$$

式中，$\boldsymbol{A} = \left[a_{ij} \right]$，$a_{ij} = C\left(T_{low}^i, T_{high}^j \right)$，$C\left(T_{low}^i, T_{high}^j \right) = -\log\left(s_{app} \cdot s_{shape} \cdot s_{motion} \right)$ 表示第 i 条低置信度轨迹 T_{low}^i 与第 j 条高置信度轨迹 T_{high}^j 的关联相似度值；$\boldsymbol{B} = \left[b_{ij} \right]$，$b_{ij} = C\left(T_{low}^i, c^j \right)$，$C\left(T_{low}^i, c^j \right) = -\log\left(s_{app} \cdot s_{shape} \cdot s_{motion} \right)$ 表示第 i 条低置信度轨迹 T_{low}^i 与第 j 个检测响应 c^j 的关联相似度值；$\boldsymbol{D} = \mathrm{diag}\left[d_1, \cdots, d_l \right]$，$d_i = -\log\left(1 - \mathrm{conf} \left(T_{low}^i \right) \right)$ 为第 i 条低置信度轨迹 T_{low}^i 终止的概率；τ 为预定义阈值；$\boldsymbol{X}$ 为低置信度轨迹关联过程中由 $\boldsymbol{A}$、$\boldsymbol{B}$、$\boldsymbol{D}$、τ 构成的关联关系矩阵。

依据用于表达低置信度轨迹与检测响应之间潜在联系的关联关系矩阵，通过 Hungarian 算法求解低置信度轨迹的关联问题，并基于关联结果调整并更新轨迹的置信度值及轨迹的状态。

4.2.5　候选目标假设集的更新

本章在多目标跟踪中，为了克服误检与漏检的影响，在第 t 帧中进行数据关联

之后, 将 $\mathbb{Z}_t$ 中未匹配的检测响应合并到 CTH 中, 将其保留为潜在的轨迹。同时, 为了避免错误的跟踪, 未匹配的高置信度轨迹与低置信度轨迹也加入 CTH 中。此外, 为了节省计算时间及空间, $\mathbb{Z}_{t-1}^{\mathrm{CTH}}$ 中的候选目标如果在连续多帧(设定为 6 帧)中未与任何检测响应或轨迹进行关联, 本章算法将对其进行舍弃处理。经过对 $\mathbb{Z}_{t-1}^{\mathrm{CTH}}$ 集中的轨迹与检测响应的增加与删除工作后, 本章算法获得第 t 帧的候选目标假设集 $\mathbb{Z}_t^{\mathrm{CTH}}$ 。

4.3 实验结果与性能分析

4.3.1 多目标跟踪数据集

在多目标跟踪研究中, 为了公平地评估跟踪算法性能并与其他算法进行对比, 主要有 PETS-2009[35]、KITTI[36]、MOT[37]等公共数据集, 这些数据集大多针对行人跟踪任务进行数据采集, 只是在采集方法(静态摄像头或动态摄像头)、传感器模式(可见光或红外)和人群密度上有所不同。本章选取最新的 MOT 2015 数据集、MOT 2016 数据集和 MOT 2017 数据集进行仿真实验验证。MOT 2015 数据集由 11 个训练序列和 11 个测试序列组成, 共计 11286 帧。MOT 2016 数据集涵盖 7 个训练序列和 7 个测试序列, 总共 11235 帧。MOT 2017 数据集包含 14 个视频序列, 7 个用于训练, 7 个用于测试, 共 11235 帧。上述三个数据集是主流的用于多行人目标跟踪的数据集, 其包括若干具有挑战性的行人跟踪连续图像序列, 这些连续的图像序列包含不同程度的光线变化, 跟踪目标的自遮挡和互遮挡, 杂乱背景干扰, 摄像头视角变化, 目标尺度变化, 帧率变化等能够对跟踪性能产生影响的环境因素。为了将本章算法与主流算法进行公平对比, 本章算法采用与主流算法相同的检测响应值, 通过定性和定量两方面对各跟踪算法的性能进行评估分析。

4.3.2 参数设置与评价指标

本章所提出算法的硬件条件为 Intel Core i7 8GHz PC, 软件平台为 MATLAB 2014b。在实验中, 式(4-13)中的 $\eta = 0.7$, 式(4-19)中的 $\tau = 0.4$ 。

为了定量地比较各种跟踪算法在不同视频序列下的跟踪鲁棒性, 本章采用多目标跟踪公认的评价体系, 其多行人目标跟踪所采用的定量度量指标为 CLEAR MOT[38]。将跟踪算法所产生的轨迹与标注的真实轨迹进行匹配, 从而获得跟踪序列逐帧的匹配度。如果匹配度大于指定阈值, 则认为跟踪正确, 获得整个序列的匹配结果, 从而定量分析跟踪算法的跟踪性能。在此, 假设第 t 帧中的真实轨迹数为 GT , 将该帧中达到匹配阈值的正样本轨迹数记为 TP , 未匹配的真实轨迹数, 即漏检数为 FN↓, 将生成的轨迹未找到真实轨迹与之匹配的表示为虚警 FP↓, 其余的样本表示为 TN 。与真实轨迹相比，匹配的轨迹发生交换，即产生身份标号交换的表示为 IDs 。对于给定的一个视频序列中所有 GT 、 TP 、 FN 、 FP 、 TN 、 IDs ，多目标跟踪的评价指标定义如下。

多目标跟踪准确度(multi-object tracking accuracy，MOTA↑)：

$$
\mathrm{MOTA} = 1 - \frac{\mathrm{FN} + \mathrm{FP} + \mathrm{IDs}}{\mathrm{GT}} \in (-\infty, 1] \tag{4-20}
$$

本书中，↑表示指标分数越高，跟踪性能越好；↓表示分数越低，跟踪性能表现越好。MOTA 计算跟踪算法在所有帧中对所有目标的误检、漏检和错误匹配，其非常直观地给出了衡量跟踪识别目标和保持一致性的能力，且与估计目标位置精确度无关。MOTA 表示结合了丢失目标、虚警率、标号转换之后的准确性。

多目标跟踪准确率(multi-object tracking precision，MOTP↑)：

$$
\mathrm{MOTP} = \frac{\sum\limits_{t,i} d_{t,i}}{\sum\limits_{t} c_t} \tag{4-21}
$$

MOTP 衡量了跟踪估计目标位置精确度的能力，但不衡量跟踪识别目标结构能力以及保持跟踪一致性能力等。MOTP 表示所有跟踪目标的平均边框重叠率。

最大跟踪轨迹数量(mostly tracked targets，MT↑)：超过 80%的真实轨迹被成功匹配的目标数量。

最大丢失轨迹数量(mostly lost targets，ML↓)：超过 80%的真实轨迹丢失匹配的目标数量。

误报的负样本数量(the total number of false positives，FP↓)：检测出来的假阳样本的数量。

漏报的正样本数量(the total number of false negatives，FN↓)：检测出来的漏报样本的数量。

目标标号改变的次数(the number of identity switches，IDs↓)：一条跟踪轨迹改变目标标号的次数。

轨迹被打断的次数(the total number of times a trajectory is fragmented，Frag↓)：真实轨迹被打断的次数。

为了验证本章所提算法的有效性，使用主流的多目标跟踪算法与其进行对比分析。为了进行公平的比较，本章使用公共的检测响应值与对比算法提供的源代码进行实验。对于未提供源代码的算法，直接使用对比算法公开发表论文中的结果进行对比分析。

4.3.3　消融实验分析

为了更好地分析本书算法各个模块对整体跟踪性能的影响，本章将构成算法的每一部分分别从整体算法中剥离出来,通过与未使用各个模块的算法进行对比实验来分析各部分对多目标跟踪的影响。消融实验在 MOT Challenge 2015 数据集上进行,通过对比分析检测器提供的检测响应与关联方法对多目标跟踪性能的影响。

(1) 基于 KCF 的检测响应校正对多目标跟踪算法性能的提升效果。

该部分实验首先剥离 4.2.2 小节中基于 KCF 的检测响应校正模块,并将去除该模块的多目标跟踪算法表示为 P1 跟踪,然后剥离 4.2.1.2 小节中基于 KCF 的外观相似度计算模块,将该部分用文献[34]中的相似度计算方法代替(文献[34]中的外观用颜色直方图计算),并将剥离该模型的跟踪算法表示为 P2 跟踪。

(2) 基于 APCE 的轨迹置信度计算模块对多目标跟踪算法性能的提升效果。

该部分实验剥离 4.2.4.1 小节基于 APCE 的轨迹置信度计算模块中的 KCF 遮挡分析,将式(4-17)中 O_{APCE} 去掉,仅利用轨迹长度、轨迹与检测响应的关联相似度值计算跟踪目标的轨迹置信度,将剥离基于 APCE 的轨迹置信度计算模块的多目标跟踪算法表示为 P3 跟踪。

(3) 候选目标假设集模块对多目标跟踪算法性能的提升效果。

该部分实验剥离 4.2.5 小节候选目标假设集(CTH)模块,并将剥离该模块的多目标跟踪算法表示为 P4 跟踪。

上述三部分实验均采用 MOTA、MOTP、MT、ML、FP、FN 和 IDs 7 个指标作为评估算法长时间跟踪稳定性以及定位目标边框精确度的评价指标,其实验结果如表 4-1 所示。从表 4-1 所示的实验结果可以看出,结合所有模型的本章算法的性能优于拆分各部分模型的跟踪算法。在 P1 跟踪中,由于剥离了基于 KCF 的检测响应校正模块,其跟踪性能相比本章算法明显下降,其 MOTA 仅为 19.8%,IDs 也明显增加。由于 P2 跟踪在跟踪过程中剥离了基于 KCF 的外观相似度计算模块,其跟踪也出现了类似的结果,MOTA 明显下降,IDs 明显增加。此现象证明了本章提出的基于 KCF 的外观相似度计算模型能够学习跟踪目标的判别性外观模型,同时本章所提出的基于 KCF 的检测响应校正模型在一定程度上可以消除检测响应误差。在 P3 跟踪中,基于 APCE 的轨迹置信度计算模块被禁用,MOTA 指标显著下降,进一步说明本章所提出的基于 APCE 的遮挡分析模型可以提高数据关联性能。在 P4 跟踪中,候选目标假设集(CTH)模块被剥离,MOTA 指标也出现显著下降的现象,表明该模块利用 KCF 的预测结果可以有效地处理遮挡和漏检。从上述实验结果可以看出,基于 APCE 轨迹置信度计算的两步数据关联模型可以很好地处理由错误数据引起的跟踪错误。基于 KCF 的检测响应校正模型可以有效地对目标检测器产生的错误检测响应进行修正。CTH 模型可以有效地减少假阳性检测响应。因此,本章所提出的各个模块的相互作用在很大程度上提高了多目标跟踪过程中的数据关联性能,降低检测响应对跟踪的影响,从而使本章算法产生较小的关联误差,获得较高的 MOTA 值和 MT 值,较低的 IDs 值和 ML

值，进一步验证了本章所提跟踪算法的有效性。

表 4-1　在 MOT Challenge 2015 数据集上的消融实验结果

跟踪模型	MOTA/%	MOTP/%	MT/%	ML/%	FP	FN	IDs
P1	19.8	73.9	8.5	68.6	3309	15017	265
P2	24.7	73.8	10.3	53.4	3197	13367	134
P3	23.0	73.6	9.8	56.0	3548	13651	147
P4	22.1	73.5	9.8	53.8	3727	14958	138
本章算法	31.6	74.2	14.3	50.4	2601	13385	117

4.3.4　与主流算法对比分析

4.3.4.1　定量分析

(1) 在 MOT Challenge 2015 数据集上的实验结果分析：将本章算法与 7 种主流的离线跟踪算法以及 11 种主流的在线跟踪算法在 MOT Challenge 2015 数据集上进行性能对比实验，其整体定量评估结果如表 4-2 所示。与主流的 18 种跟踪算法相比，本章算法的各项评价指标均处于前列，其 MOTA 值为 38.2%，MT 值为 13.1%，IDs 值为 473 和 Frag 值为 1219。本章算法为在线跟踪算法，与离线跟踪算法相比，在线跟踪算法缺少能够优化轨迹精度的全序列图像信息，这也导致离线跟踪算法通常比在线跟踪算法具有较高的跟踪精度(MOTA)。尽管如此，本章算法也能在跟踪精度上达到目前主流算法的水平。同时，通过在先检测后跟踪多目标跟踪策略中添加 KCF 滤波器进行相互补偿，本章算法的跟踪性能优于大多数离线跟踪算法，仅比性能最好的多目标跟踪算法 KCF 的 MOTA 小 0.7 个百分点。

表 4-2　MOT Challenge 2015 数据集跟踪性能对比

模式	算法	MOTA↑/%	MOTP↑/%	MT↑/%	ML↓/%	FP↓	FN↓	IDs↓	Frag↓
离线跟踪	siameseCNN[39]	29.0	71.2	8.5	48.4	5160	37798	639	1316
	CNNTCM[40]	29.6	71.8	11.2	44.0	7786	34733	712	943
	NOMT[41]	33.7	71.9	12.2	44.0	7762	32547	442	823
	DCO_X[42]	19.6	71.4	1.1	54.9	10652	38232	521	819
	EBLM[43]	22.2	71.1	—	—	5591	41531	700	1240
	RMNBMH[44]	28.1	74.3	—	—	6733	36952	477	790
	QuadMOT[45]	33.8	73.4	12.9	36.9	7898	32061	703	1430
在线跟踪	RNN-LSTM[46]	19.0	71.0	1.5	41.6	11578	36706	1490	2081
	oICF[47]	27.1	70.0	6.4	48.7	7594	36757	454	1660
	SCEA[48]	29.1	71.1	8.9	47.3	6060	36912	604	1182

续表

模式	算法	MOTA↑/%	MOTP↑/%	MT↑/%	ML↓/%	FP↓	FN↓	IDs↓	Frag↓
在线跟踪	EAMTTPub[49]	22.3	70.8	1.4	52.7	7924	38982	833	1485
	DCCRF[50]	33.6	70.9	10.4	37.6	5917	34002	866	—
	CDA_DDAL[51]	32.8	70.7	9.7	42.2	4983	35690	614	1583
	AMIR15[52]	37.6	71.7	11.8	21.8	7933	29397	1026	2024
	RAR16pub[53]	31.1	70.9	13.0	42.3	6771	32717	381	1523
	DEEPAD_MOT[54]	22.5	70.5	6.4	61.9	7346	39092	1159	1538
	FRBF[55]	37.1	72.5	12.6	39.7	8305	29732	580	1193
	KCF[56]	38.9	70.6	16.6	31.5	7321	29501	720	1440
	本章算法	38.2	72.5	13.1	39.6	6983	31527	473	1219

(2) 在 MOT Challenge 2016 数据集上的实验结果分析：表 4-3 呈现了本章算法与 11 种主流在线跟踪算法和 10 种主流离线跟踪算法在 MOT Challenge 2016 数据集上的对比实验结果。如表 4-3 所示，本章算法的 MOTA 值在 11 种在线跟踪算法中仅低于最优跟踪算法 FRBF。此外，与离线跟踪算法相比，本章算法 MOTA 值仅低于最优离线跟踪算法 LMP。离线跟踪算法在跟踪过程中使用全序列图像信息进行全局数据关联，在线跟踪算法仅仅使用当前帧之前的信息进行数据关联预测当前待跟踪的目标轨迹，因此，离线跟踪算法，如 FWT、NLLMPa、GCR、NUHMOT 等获得较高的 MOTA 值，相对较高的 MT 值以及较低的 IDs 值。相比而言，在线跟踪算法只利用当前帧之前的检测响应信息进行数据关联，其跟踪性能通常比离线跟踪算法差。由于在线跟踪算法在跟踪过程中产生的轨迹长度比离线跟踪算法短，因此容易产生较高的 ML 值和 Frag 值。针对在线跟踪算法的局限性，本章算法设计了基于 APCE 轨迹置信度计算的两步数据关联模型和基于 KCF 滤波器的关联模型，利用所设计的模型有效处理跟踪误差和错误的检测响应。在此，本章用 APCE 值衡量被跟踪目标的遮挡程度，然后将其引入所跟踪目标轨迹置信度计算中。轨迹置信度是衡量目标跟踪可靠性的关键指标，可以依据目标轨迹置信度将轨迹划分为高置信度轨迹和低置信度轨迹两类，进而实现两步数据关联，有效地减小不正确关联所引发的跟踪误差，提高跟踪过程的准确性和稳定性。此外，在本章跟踪模型中，引入基于 KCF 的检测响应校正模型和 CTH，利用 KCF 的预测值对检测响应的漏检和遮挡进行补偿。实验结果表明，整体上而言，与其他 21 种主流对比算法相比，本章算法不仅降低了 FN 值，同时获得了较高的 MOTA 值，证明了本章所提出算法的有效性。

表 4-3　MOT Challenge 2016 数据集跟踪性能对比

模式	算法	MOTA↑/%	MOTP↑/%	MT↑/%	ML↓/%	FP↓	FN↓	IDs↓	Frag↓
离线跟踪	QuadMOT[45]	44.1	76.4	14.6	44.9	6388	94775	745	1096
	EDMT[57]	41.3	71.9	17.0	39.9	11122	87890	639	946
	bLSM[58]	42.1	—	14.9	44.4	11637	93172	753	1156
	OHMOT[59]	46.9	76.4	16.1	43.2	6257	91669	549	757
	NUHMOT[60]	47.5	—	19.4	36.9	13002	81762	1035	1408
	FWT[61]	47.8	77.5	19.1	38.2	8886	85487	852	1534
	NOMT[41]	46.4	76.6	18.3	41.4	9753	87565	359	504
	NLLMPa[62]	47.6	78.5	17.0	40.4	5844	89093	629	768
	GCR[63]	48.2	77.5	12.9	41.1	5104	88586	821	1171
	LMP[64]	48.8	79.0	18.2	40.1	6654	86245	481	595
在线跟踪	oICF[60]	38.4	71.4	7.5	47.3	11517	99463	1321	2140
	MTDF[65]	41.7	72.6	14.1	36.4	12018	84970	1987	3377
	STAM[66]	46.0	74.9	14.6	43.6	6895	91117	473	1422
	DMAN[67]	46.1	73.8	17.4	42.7	7909	89874	532	1616
	AMIR[52]	47.2	71.8	14.0	41.6	2681	92856	774	1675
	MOTDT[68]	47.6	74.8	11.2	38.3	9253	85431	792	1858
	INTERA_MOT[69]	41.4	74.4	18.1	38.7	13407	85547	600	930
	CDA_DDA[51]	43.9	74.7	10.7	44.4	6450	95175	676	1795
	EAMTTPub[49]	38.8	71.1	7.9	49.1	8114	102452	965	1657
	DCCRF[50]	44.8	71.6	14.1	42.3	5631	94125	968	—
	FRBF[55]	48.3	76.7	11.4	40.1	2706	91047	543	896
	本章算法	48.2	74.7	11.3	34.5	6857	91431	681	1904

(3) 在 MOT Challenge 2017 数据集上的实验结果分析：基于 MOT Challenge 2017 数据集，对比本章算法与 8 种主流离线跟踪算法以及 11 种主流在线跟踪算法的综合性能，表 4-4 呈现了整体定量评估结果。如表 4-4 所示，本章所提出的跟踪算法的大多数跟踪性能在 20 种跟踪算法中排名前列，其 MOTA 值为 50.7%，MT 值为 19.6%，IDs 值为 2081，Frag 值为 4904。

表 4-4　MOT Challenge 2017 数据集跟踪性能对比

模式	算法	MOTA↑/%	MOTP↑/%	MT↑/%	ML↓/%	FP↓	FN↓	IDs↓	Frag↓
离线跟踪	IOU[70]	41.5	76.9	11.7	40.5	19993	281643	5988	7404
	EDMT[57]	50.0	77.3	21.6	36.3	32279	247297	2264	3260

续表

模式	算法	MOTA↑/%	MOTP↑/%	MT↑/%	ML↓/%	FP↓	FN↓	IDs↓	Frag↓
离线跟踪	bLSTM[58]	47.5	77.5	18.2	41.7	25981	268042	2069	3124
	TLMHT[71]	50.6	77.6	17.6	43.4	22213	255030	1407	—
	R1TA[72]	24.3	68.2	1.5	46.6	6664	38582	1271	—
	JMC[73]	31.6	71.9	23.2	39.3	10580	28508	457	2984
	EBLM[43]	44.2	76.4	16.1	44.3	29473	283611	1529	2644
	FWT[74]	51.3	77.0	21.4	31.2	24101	247921	2648	4279
在线跟踪	PHD_GSDL[74]	48.0	77.2	17.1	31.6	23199	265954	3998	8886
	AM_ADM[75]	48.1	76.7	13.4	39.7	25061	265459	2214	5027
	DMAN[67]	48.2	71.9	19.3	38.3	26218	263608	2194	5378
	HAM_SADF[76]	48.3	77.2	17.1	41.7	20967	269038	1871	3020
	MOTDT[68]	50.9	76.6	17.5	31.7	24069	250768	2474	5317
	STRN[77]	50.9	71.6	20.1	37.0	27532	246924	2593	9622
	RNN-LSTM[46]	19.0	71.0	1.5	41.6	11578	36706	1490	—
	AP[78]	38.5	71.3	8.7	37.4	4005	33203	586	—
	CNNMOT[79]	44.9	78.9	13.8	44.2	22085	287267	1537	3295
	GM_PHD[80]	46.5	77.2	16.9	37.2	23859	272430	5649	9298
	FPSN[81]	44.9	76.6	16.5	31.8	33757	269952	7136	14491
	本章算法	50.7	76.7	19.6	34.5	32857	236431	2081	4904

4.3.4.2　定性分析

在定性分析中，本章选取了针对不同数据集在不同环境下具有代表性的定性实验结果，图 4-4、图 4-5 分别为 MOT Challenge 2015、MOT Challenge 2016 中代

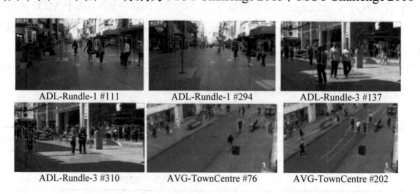

ADL-Rundle-1 #111　　　　ADL-Rundle-1 #294　　　　ADL-Rundle-3 #137

ADL-Rundle-3 #310　　　　AVG-TownCentre #76　　　　AVG-TownCentre #202

图 4-4　MOT Challenge 2015 数据集定性实验结果

MOT_01 #101　　　　　　　　　　　MOT_01 #395

MOT_03 #397　　　　　　　　　　　MOT_03 #71

MOT_03 #306　　　　　　　　　　　MOT_03 #589

MOT_07 #369　　　　　　　　　　　MOT_07 #429

MOT_012 #147　　　　　　　　　　　MOT_012 #330

MOT_014 #172　　　　　　　　　　MOT_014 #275

图 4-5　MOT Challenge 2016 数据集定性实验结果

表性图像帧的跟踪结果。从实验结果可以看出，在拥挤场景、复杂背景、目标尺度变化剧烈、摄像头静止、摄像头运动、目标相互遮挡和交互等场景下，本章基于 KCF 单目标跟踪增强的多目标跟踪算法能够准确捕获各个目标，其利用单目标跟踪的预测结果对目标相对运动趋势进行判定。定性实验结果表明，基于 KCF 单目标跟踪增强的多目标跟踪算法在处理遮挡和长时间轨迹生成的问题上效果较好，能够在复杂环境下稳定保持目标的身份标号。

4.4　本 章 小 结

针对在长时间跟踪过程中会产生目标标号维持不稳定以及先检测后跟踪策略中对检测结果质量依赖性过强的问题，本章提出了基于 KCF 单目标跟踪增强的多目标跟踪算法。采用基于相关滤波器的单目标跟踪算法，对正在跟踪中的目标于下一帧中可能出现的位置进行预测，用于对检测器提供的检测响应信息进行校正，通过 KCF 相关滤波器中学习到的正样本进行相似度度量来优化下一帧中目标的位置。由于多目标环境远复杂于单目标环境，本章利用单目标跟踪器与检测器互相补偿优化，辅以单目标跟踪器存储的特定目标上下文信息，能够有效提高长时间跟踪的稳定性。对于长时间跟踪中可能会遇到的目标交互、遮挡等问题，提出了建立 CTH 以及基于 APCE 的轨迹置信度计算，将跟踪轨迹划分为高置信度轨迹和低置信度轨迹，并用 KCF 滤波器预测的结果进行处理的策略。此外，本章利用深度学习方法，将 KCF 相关滤波器中提取的特征与深度卷积神经网络提取的深度特征进行结合，提高了整体跟踪的性能。在 MOT Challenge 2015、MOT Challenge 2016、MOT Challenge 2017 公开数据集上进行了定量和定性分析，并对整体算法拆分进行了消融实验。实验结果表明，本章所提出的多目标跟踪算法具有较好的跟踪性能。

2D 人体姿态估计

第5章 基于多尺度特征学习的多人姿态估计

5.1 引　言

多人姿态估计的目的是定位某个场景下人体各个关节点的位置。利用深度卷积神经网络进行多人姿态估计取得了重大进展[82]，但是拍摄视角、复杂背景、光照条件、身体外形、物体遮挡等因素给人体姿态估计带来了很大的挑战[83]。人体姿态估计是计算机视觉中的一个基础问题，也是许多领域的应用研究基础，如社会服务机器人、健身、舞蹈、体育教学、比赛仲裁、动作识别、影视、动漫、游戏辅助制作、医疗应用等。

当前人体姿态估计研究虽然取得了很大的进步，但在推向实用过程中依然有许多关键问题需要解决。研究结果表明，基于深度卷积神经网络的特征表征对人体姿态估计有着重要的影响[84]。首先，卷积神经网络能够直接利用训练集中所标注的数据，并且卷积神经网络是数据驱动的方法，高质量的标注数据越多，模型的效果就越好；其次，卷积神经网络能够学习非常复杂的非线性映射关系，能够处理随机遮挡、复杂的姿态、多变的外形等问题；最后，卷积神经网络能够实现表征学习，端到端训练的卷积神经网络所提取的特征与人体模型融合在一起，能够根据所定义的损失函数从标注的数据集中自动地学习特征表示以及人体模型，并不需要人的参与。研究结果表明，基于深度卷积神经网络学习的人体姿态估计方法的关节点估计精度主要受两个因素的影响：一是高分辨率低层特征对关节点估计的影响；二是低分辨率高层特征利用较大的感受野对不可见的关节点进行推断[85]。目前主流的基于深度卷积神经网络的人体姿态估计方法主要通过结合高分辨率到低分辨率的特征来克服上述两个要素对人体关节点估计精度的影响。例如，Newell 等[86]提出的堆叠沙漏网络 Hourglass、文献[87]中提出的级联金字塔网络(CPN)和 Sun 等[88]提出的高分辨率网络(HRNet)。Hourglass 网络中的沙漏模块将特征进行多次下采样和上采样，并将下采样与上采样过程中相同分辨率的特征进行融合，沙漏模块不仅能够实现多尺度特征提取，还能够增大整个网络感受野，从而提高关节点的估计精度。CPN 基于残差网络设计了级联金字塔模型，其将残差网络作为骨干网络进行下采样，并在骨干网络的后端加入多个上采样层。使用残差网络的目的是将高分辨率图像转换为低分辨率特征，随后使用多个反卷积层将低分辨率特征逐步恢复到高分辨率特征，增强节点特征表示的能力，提高关节点估计精度。HRNet 包含多个分支网络，每个分支网络的特征具有不同的分辨率，其通过融合不同分辨率的多尺度特征来保持高分辨率的表示。

虽然上述网络结构解决了多尺度特征提取、扩大感受野等问题，但是这些网络中所使用的下采样和上采样操作会导致信息丢失。此外，自上而下(top-down)的姿态估计方法通常对人体的尺度变化不太敏感。即使根据人体大小将图像中的人体目标截取成相似的尺度，由于人与人之间的人体形状变化和视角远近变化，人体不同部位的尺度不一致现象仍然存在。针对上述问题，本章对基于多尺度特征学习的多人姿态估计方法进行研究，主要解决自上而下人体姿态估计中的两个问题：一是人体不同部位的尺度变化对关节点准确定位的影响；二是连续上下采样过程中的信息损失问题。本章所提出的多人姿态估计方法遵循自上而下的框架，其以 HRNet 为骨干网络，算法流程如图 5-1 所示。首先，为了提高特征表示的能力，本章算法在骨干网络中引入膨胀卷积以扩大感受野，防止上采样过程中的细节信息丢失问题；其次，设计了一种基于注意力机制(attention mechanism，AM)的多尺度特征融合模块，使网络能够自动学习每个融合特征的权重，对多尺度特征进行有效融合；最后，为了提高对尺度变化的鲁棒性，本章设计了一个尺度感知的关节点回归模型，通过逐步结合从低分辨率到高分辨率的特征来估计人体关节点的热力图。

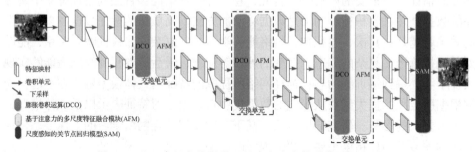

图 5-1　基于多尺度特征学习的多人姿态估计算法流程图

5.2　基于多尺度特征学习的多人姿态估计算法

5.2.1　网络架构设计

本章所提出的基于多尺度特征学习的姿态估计网络的核心由两部分组成，一部分是基于注意力机制的多尺度特征融合模块；另一部分是尺度感知的关节点回归模型。如图 5-1 所示，本章所提出算法遵循 top-down 的网络架构，其以高分辨率网络(HRNet)为骨干网络。HRNet 由四个阶段的平行多分辨率子网络构成，其中第一阶段由一个高分辨率子网络构成，第二～四阶段依次由高低分辨率组成的多分辨率子网络模块组成，其子网络由多分辨率组卷积和多分辨率卷积两部分组成，如图 5-2 所示。将每一阶段的多分辨率子网络以并行的方式进行连接，然后在每一子网络上反复交换信息进行多尺度特征的重复融合，使网络从始至终保持高分辨率的特征表示，最后通过上采样的方式输出高分辨率的特征表示。如图 5-1 所示，首先，本章所提出的算法为了进一步扩大感受野，使用膨胀卷积代替骨干网络中的多分辨率卷积。其次，设计基于注意力的多尺度特征融合模块对 HRNet 中图 5-2(b)所示多分辨率卷积进行改进，从而实现灵活处理不同尺度的多分辨率特征，使网络能够进行更广泛、更深层特征的提取和融合。最后，设计一个尺度感知的关节点回归模型实现基于多分辨率特征的关节点回归，通过上采样操作对经过重复融合的信息进行表征以高分辨率的形式输出，从而实现人体关节点检测任务，克服原始 HRNet 仅使用高分辨率特征进行热力图估计的局限性。

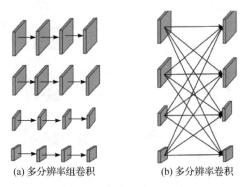

(a) 多分辨率组卷积　　　　　　　　(b) 多分辨率卷积

图 5-2　多分辨率子网络

5.2.2　基于注意力的多尺度特征融合模型

原始 HRNet 中每一阶段的子网络都是由若干个卷积层和池化层组成的多分辨率组卷积和多分辨率卷积交换单元组成，以实现多尺度特征信息的融合。由于关节点预测是逐像素级输出，多次的上下采样及连续的卷积采样步幅缩小会造成信息的损失，因此，本章提出基于注意力的多尺度特征融合(attention based multi-scale features fusion，AMF)模型对 HRNet 中的多分辨率卷积进行改进。图 5-3 为 HRNet 中具有三个不同分辨率特征融合模块的多分辨率卷积融合单元，其中三个不同分辨率特征表示为 F_1、F_2 和 F_3。

由于膨胀卷积具有在不增加计算量的情况下扩大卷积核感受野的作用，因此本章在多分辨率多尺度上下文信息提取过程中，对于任意的特征融合单元，将膨胀卷积引入由不同分辨率特征组成的并行分支上，对其进行多尺度特征提取。图 5-4 为利用不同膨胀率的膨胀卷积对 HRNet 第三阶段平行多分辨率卷积融合单元进行扩大卷积感受野的示例，其特征融合模块具有三个多分辨率卷积组成的交换单元，并且每个交换单元由 3 个并行多分辨率组卷积组成。

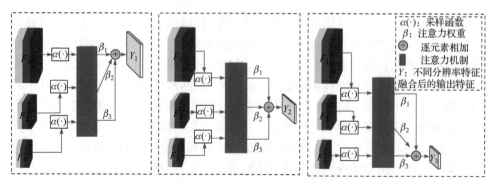

图 5-3　HRNet 中具有三个不同分辨率特征融合模块的多分辨率卷积融合单元

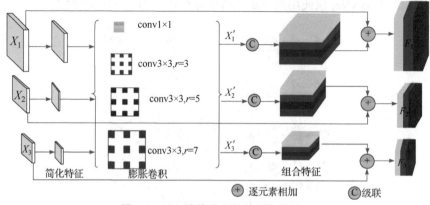

图 5-4　基于膨胀卷积的特征交换单元

假设 $X[i]$ 表示多分辨率卷积交换单元在位置 i 处的二维(2D)输入特征，其卷积核为 $w[q]$，则经过膨胀卷积操作的输出特征 $X'[i]$ 表示为

$$X'[i] = \sum_q X[i + r \cdot q]w[q] \tag{5-1}$$

式中，r 表示膨胀率，其大小为 $r = 3, 5, 7$；q 表示卷积核大小。在此，将膨胀率设置为不同的值，可以自适应调整卷积网络中卷积核的尺寸，扩大卷积核的感受野。

在原始的 HRNet 中，如式(5-2)所示，其特征融合模块仅对多分辨率特征进行简单的像素加操作以实现特征的融合：

$$Y_k = \sum_{h=1}^{m} \alpha(X_h, k) \tag{5-2}$$

式中，$X = \{X_1, X_2, \cdots, X_m\}$ 和 $Y = \{Y_1, Y_2, \cdots, Y_m\}$ 分别表示不同分辨率的输入特征和输出特征；$\alpha(X_h, k)$ 表示采样函数，其功能是将分辨率为 h 的输入特征转换为分辨率为 q 的特征；$h \in \{1, 2, \cdots, m\}, k \in \{1, 2, \cdots, m\}$ 表示输入特征的分辨率索引。

为了有效区分并整合不同分辨率的特征，同时增强多分辨率特征的重要性，本章提出了一种基于注意力的多尺度特征融合模型。通过注意力机制的引入，模型能够对网络中不同分支的特征执行加权计算，从而优化式(5-2)中仅依赖像素加操作的融合过程。图 5-5 是对三个不同分辨率的特征进行基于注意力的多尺度融合示意图。在对融合的特征执行如图 5-3 所示的膨胀卷积操作后，将多分辨率卷积交换单元输出的多个特征进行级联，并将其表示为 X'，然后将级联后的特征 X' 与其对应的输入特征 X 进行结合，作为校正后的输入特征，表示为 $F = \{F_1, F_2, \cdots, F_m\}$。最后，在特征融合之后，引入注意力机制进一步优化结果，对融合后的特征 F 按照式(5-3)计算得到不同分辨率特征的权重，获取基于注意力的多分辨率特征融合结果：

$$Y_k = \sum_{h=1}^{m} \beta \cdot \alpha(F_h, k) \tag{5-3}$$

为了计算特征融合模块的注意力权重 β，本章首先利用采样函数 $\alpha(\cdot)$ 将不同分辨率的输入特征 F_h 从分辨率 h 转化到与融合尺度分辨率 k 一样的特征，然后对于每一个输入特征，对其执行如图 5-5 所示的注意力机制(AM)操作。该 AM 操作由两个平行分支组成，这两个分支分别首先执行最大池化和平均池化，获得输入特征的通道信息；其次，利用两个全连接 (fully connected，FC)层获得特征的局部跨通道信息交互；最后，利用 Sigmoid 激活函数对输入特征经过两个平行分支处理的局部跨通道交互信息进行处理，计算每个通道特征的权重 β：

$$\beta_h = \sigma\left(W_2\left(\delta\left(W_1\left(F_h^{\text{avg}}\right)\right)\right) + W_2\left(\delta\left(W_1\left(F_h^{\text{max}}\right)\right)\right)\right) \tag{5-4}$$

式中，$\sigma(\cdot)$ 表示 Sigmoid 激活函数；$W_1 \in \mathbb{R}^{C \times C}$ 和 $W_2 \in \mathbb{R}^{C \times C}$ 分别表示两个 FC 层；$\delta(\cdot)$ 表示 ReLU 激活函数；F_h^{avg} 和 F_h^{max} 分别表示平均池化特征和最大池化特征；"+"表示两种输出特征按像素加操作。

如图 5-5 所示，将经过权重计算的特征与原始输入特征进行基于权重 β 约束的按元素乘操作，获得融合后的特征 Y_k，用于多阶段网络下一阶段的特征提取。

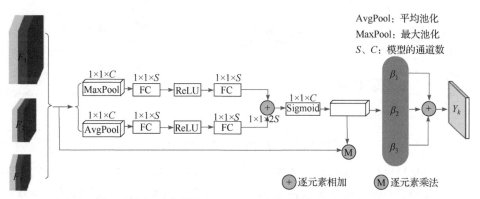

图 5-5　多尺度特征融合模块中具有三个分辨率特征的注意力机制示意图

5.2.3　尺度感知的关节点回归模型

由于低分辨率特征对于不可见关节点的推断估计具有重要的作用，因此，HRNet 中丢弃低分辨率特征，仅使用高分辨率特征进行关节点预测会影响最终关节点的估计结果。本章针对上述问题，设计了一种尺度感知的关节点回归模型，该模型通过一系列 conv3×3 卷积、插值和反卷积操作实现低分辨率到高分辨率的特征逐步结合，以更好地提取所有分辨率中的局部和全局特征。

如图 5-6 所示，对网络第四阶段输出的 m 个不同分辨率特征 $X = \{X_1, X_2, \cdots, X_m\}$ 进行逐层的高低分辨率特征融合。首先，针对 h 分辨率的特征 $(h > 1)$ 进行 conv3×3 的卷积操作。其次，依次执行插值和反卷积操作将 h 分辨率的特征 X_h 通过式(5-5) 转换为 $h-1$ 分辨率的特征 $\hat{X}_{h-1}$。最后，通过式(5-6)将转换后的 $h-1$ 分辨率的特征 $\hat{X}_{h-1}$ 和原始分辨率的特征 X_{h-1} 进行级联融合，以实现逐层的高低分辨率特征的融合。

$$\hat{X}_{h-1} = \text{Int}\big(\text{conv}(X_h)\big) + \text{Dec}\big(\text{conv}(X_h)\big) \tag{5-5}$$

$$X_h = \text{concat}\big(\hat{X}'_{h-1}, X_{h-1}\big) \tag{5-6}$$

式中，concat 表示级联操作；Int 和 Dec 分别表示插值操作和反卷积操作。

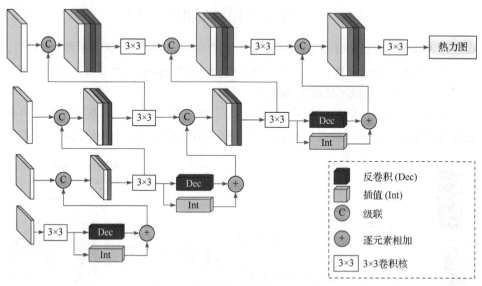

图 5-6　尺度感知的关节点回归模型

通过重复执行上述过程，实现了逐层高低分辨率特征的融合，最终获得了融合所有分辨率特征的高分辨率特征 X_1。通过高低分辨率特征的逐层融合，本章能有效提取更多有利信息进行不同分辨率特征信息的交互，实现多尺度特征融合，从而使多尺度特征融合时的效果得到较好的改善，提高对不同尺度关节点估计的准确性，实现尺度感知关节点的估计。最后，参考 HRNet 中的关节点估计方法，本章对 X_1 特征进行回归，获得关节点估计热力图，并基于 L_2 损失函数计算关节点估计热力图与真实关节点热力图的差值，以对网络进行训练。

5.3　实验结果与性能分析

5.3.1　多人姿态估计数据集

本章实验使用当前主流的大规模人体姿态估计数据集 MS COCO[89] 和 MPII[83] 对本章算法进行评估分析。

MS COCO 数据集非常具有挑战性，该数据集中的样本具有多样的人体姿态、不受限的环境、多变的人体尺度以及随机的遮挡模式。使用 MS COCO 数据集进行人体姿态估计，首先需要获得人体检测框，其次使用检测框获得人体图片，最后对人体图片进行姿态估计。在评估过程中，既可以使用数据集给定的人体检测框，也可以使用检测器所获得的人体检测框。MS COCO 数据集有 20 多万张人的图像，包含 25 万个单人的人体检测框，其数据集划分方式是在 57000 张图像的训练集上进行训练，在 5000 张图像的验证集上进行验证，在 20000 张图像的测试集上进行测试。MS COCO 数据集中人体姿态的 17 个关节点分别是鼻子、右眼、左眼、右耳、左耳、右肩、右肘、右手腕、左肩、左肘、左手腕、右臀、右膝盖、右脚踝、左臀、左膝盖、左脚踝。

MPII 数据集包含各种日常活动中所拍摄的照片。该数据集有 24920 张图片，共 40522 个人体样本。对于 MPII 数据集，实验中采用 Tompson 等[90]所提出的方式进行划分，训练集、验证集、测试集的样本数分别为 25863、2958、11701。MPII 数据集的样本具有不同的拍摄角度、复杂多变的背景、不同的光照、不同的人物穿着以及随机的遮挡模式，因此 MPII 数据集是具有很大挑战性的人体姿态估计数据集。

5.3.2　参数设置与评价指标

1) 参数设置

本实验使用的软件平台是 Python1.6，服务器的系统是 Ubuntu16 版本，显卡是 NVIDIA GeForce GTX 1080Ti，深度学习框架是 PyTorch1.6.0。在模型训练过程中所使用的优化器为 Adam，学习率为 $1×10^{-3}$，当训练到第 120 个训练迭代和第 150 个训练迭代时，学习率分别下降到 $1×10^{-4}$ 和 $1×10^{-5}$，HRNet 采用本书中所使用的学习策略与训练参数。本章实验中，将使用两种不同大小的输入，分别为 256 像素×192 像素和 384 像素×288 像素。由于 MS COCO 2017 数据集中收录的原始图片大小不一，需先对图像进行预处理，再进行训练。首先，从数据集图像中以主要人体髋部为中心进行裁剪，图像裁剪为 256 像素×192 像素和 384 像素×288 像素两种尺寸，并调整为固定比例，高宽比为 4∶3，便于网络训练。其次，使用随机旋转(−45°，45°)和随机缩放规模(0.65，1.35)的数据增强方式对数据进行处理。

2) 评价指标

对于 MS COCO 数据集，本章使用物体关节点相似度(object keypoint similarity，OKS)度量关节点的定位精度。MS COCO 数据集中定义了 J 种类型的关节点($J = 17$)，这些关节点坐标的集合为 $\{(x_1, y_1),(x_2, y_2),\cdots,(x_J, y_J)\}$，OKS 指标定义为

$$\text{OKS} = \sum_j \frac{\exp\left(-d_j^2 \big/ 2s^2 \kappa_j^2\right)}{\sum_j \delta\left(v_j > 0\right)} \tag{5-7}$$

式中，j 表示关节点的类型；d_j 表示关节点人工标注坐标与模型预测坐标之间的欧氏距离；v_j 表示关节点的可见信息，未标注时 $v_j = 0$，有标注且不可见时 $v_j = 1$，有标注且可见时 $v_j = 2$；s 表示关节点的尺度；κ_j 表示每个关节点所特有的常量，对于关节点 j，对应的 $\kappa_j = 2\delta_j$，其中，鼻子、眼睛、耳朵、肘部、手腕、臀部、膝盖、脚踝的 δ_j 分别为 $\{0.026, 0.025, 0.035, 0.079, 0.062, 0.107, 0.087, 0.089\}$。每个人的 OKS 值在 0 到 1 之间，人体中没有标注的关节点不参与计算。将 OKS 看成目标检测中的 IoU 即可计算平均精度(average precision，AP)和平均召回率(average recall，AR)。MS COCO 数据集使用 AP 作为主要的度量指标，给定 OKS 的阈值 t，当 $\text{OKS} > t$ 时表示这个人所标注的关节点都被正确定位，统计被正确定位的人数占总人数的比例即可获得 AP 值。AP^{50} 表示 $t = 0.5$ 时的 AP 值，AP^{75} 表示 $t = 0.75$ 时的 AP 值，AP^{75} 比 AP^{50} 更为严苛。mAP 表示以 0.05 为间隔在区间[0.5，0.95]进行取值，将所有取到的值作为 OKS 的阈值 t 并获得 $\text{OKS} > t$ 时的 AP 值，然后计算所有 AP 值的平均值(mean AP，mAP)。mAR 的定义与 mAP 的定义类似，可以通过同样的过程获得。mAP^{M} 和 mAP^{L} 表示对人体的面积进行约束，mAP^{M} 表示 $32^2 <$ 人的面积 $\leqslant 96^2$ 时的 mAP，mAP^{L} 表示人的面积 $> 96^2$ 时的 mAP。

对于 MPII 数据集，本章使用常见的人体姿态估计评价指标：正确定位到的关节点的百分比(percentage of correct keypoints，PCK)。该指标的具体含义：如果一个关节点所预测位置和标注位置之间的欧氏距离在容忍值 r 内，则认为该关节

点被正确检测到。MPII 数据集中所使用的指标为 PCKh@0.5($r=0.5$)，该指标的含义是当预测位置与标注位置之间的欧氏距离小于头部大小的 50%，则认为关节点被正确定位。

5.3.3　消融实验分析

为了更好地对本章设计的网络架构进行分析，揭示网络各组成部分的性能，本章将构成算法的每一部分分别从整体算法中剥离出来，通过与未使用各个模块的算法进行对比实验来分析各部分对姿态估计的影响。消融实验在 MS COCO 验证集上进行，其度量指标结果如表 5-1 所示，使用 HRNet-W32 作为骨干网络，网络输入图片大小为 256 像素×192 像素。

表 5-1　消融实验度量指标结果

模型编号	HRNet-W32(骨干网络)	DCO	AFM	SAM	mAP/%
(a)	√	—	—	—	74.46
(b)	√	√	—	—	74.7
(c)	√	—	√	—	75.1
(d)	√	—	—	√	75.4
(e)	√	√	√	—	75.3
(f)	√	√	—	√	76.1
(g)	√	—	√	√	76.3
(h)	√	√	√	√	76.5

表 5-1 分别展示了本章网络三个重要组成部分，即①用于多分辨率特征融合交换单元的膨胀卷积运算(dilated convolution operation，DCO)模块，②基于注意力的多尺度特征融合模块(attention based multi-scale features fusion module，AFM)，③尺度感知的关节点回归模型(scale-aware keypoint regressor model，SAM)对姿态估计的影响。

如表 5-1 所示的结果，当所提出模型的三个重要组成模块全部使用时，所提出算法获得最好的 mAP 值，其在热力图回归的 HRNet-W32 模型的基础上带来了 2.04 个百分点(76.5–74.46)的 mAP 提升的关节点定位精度。在消融实验中，在 HRNet-W32 模型的基础上依次添加膨胀卷积运算(DCO)模块、基于注意力的多尺度特征融合模块(AFM)和尺度感知的关节点回归模型(SAM)。如表 5-1 中(b)所示，仅在多分辨率特征融合交换单元添加 DCO 模块，其获得 74.7 的 mAP 值，在 HRNet-W32 模型的基础上提升了 0.24 个百分点的 mAP。当仅添加 AFM 和 SAM 时，如表 5-1 中(c)和(d)所示，其 mAP 值在 HRNet-W32 模型的基础上也得到了提升。如表 5-1 中(e)所示，当同时添加 AFM 和 DCO 模块时，其 mAP 值为 75.3%。

如表 5-1 中(f)所示，同时添加 SAM 和 DCO 模块，其 mAP 值增加到 76.1%。当同时添加 SAM 和 AFM 时，如表 5-1 中(g)所示，其 mAP 值增加到 76.3%。

从表 5-1 可以看出，(b)中 DCO 模块由于在 HRNet 多分辨率特征融合交换单元采用膨胀卷积替换普通卷积，在不损失特征分辨率的情况下具有扩大卷积感受野，提高多尺度特征表示的能力，有利于不可见关节点的估计，提高了人体姿态估计的性能。(c)中 AFM 的结果证明了本章所设计的基于注意力的多尺度特征融合模型具有灵活处理不同分辨率特征的能力，注意力机制约束可以使网络对各特征区别对待，判别性地对各分辨率特征进行融合，提高姿态估计的准确性。在(d)中，添加 SAM 后，其 mAP 值在 HRNet-W32 模型的基础上提升了 0.94 个百分点，验证了本章所设计尺度感知的关节点回归模型通过逐层融合低分辨率到高分辨率特征实现关节点热力图的估计，可以获得更好的姿态估计性能。

5.3.4　与主流算法对比分析

1) 在 MS COCO 数据集上的实验结果

本章在 MS COCO 测试集上对本章所提的方法(SaMr)与现有主流方法 Openpose[91]、Hourglass[86]、Pifpaf[92]、SPM[93]、PersonLab+[94]、HigherHRNet[95] 等 6 种 Bottom-up 框架和 Mask-RCNN[96]、G-RMI[97]、Integral Pose Regression[98]、CPN[87]、RMPE[99]、CFN[100]、SimpleBaseline[101]、DARK[102]和 HRNet[88]等 9 种 top-down 框架的人体姿态跟踪方法进行对比分析，表 5-2 中"—"表示原始本书中未报告或者缺少细节导致无法计算。实验中使用与 HRNet 方法同样的人体检测框。表 5-2 给出了 MS COCO 测试集上所有方法的度量指标，从表中的结果可以看出，在输入图像大小为 384 像素×288 像素时，使用 HRNet-W48 作为骨干网络的 SaMr 方法取得了 76.1 的 mAP，HRNet 算法是当前最好的热力图回归方法之一，该方法的提升空间极为有限，本章算法在热力图回归的 HRNet-W48 模型的基础上仍然带来了 0.6 个百分点(76.1–75.5)的 mAP 提升的关节点定位精度。使用 HRNet-W32 作为骨干网络，在输入图像大小为 256 像素×192 像素时 SaMr 方法能够获得 0.9 个百分点(75.3–74.4)的 mAP 提升的关节点定位精度。与 SimpleBaseline、CPN、CPN(ensemble)和 Hourglass 几种主流的人体姿态估计算法相比，本章算法分别带来了 1.6 个百分点(75.3–73.7)、3.2 个百分点(75.3–72.1)、2.3 个百分点(75.3–73.0)和 9.8 个百分点(75.3–65.5)的 mAP 提升的关节点定位精度。本章算法在人体姿态估计中利用膨胀卷积扩大卷积的感受野、设计基于注意力的多尺度特征融合模型和尺度感知的关节点回归模型，可以有效地提取不同分辨率的特征，减少特征提取过程中的信息损失，增强模型对不同尺度关节点估计的准确性，因此，本章算法获得了较好的 mAP 值。

表 5-2 在 MS COCO 数据集上的实验结果

模型	骨干网络	输入图像大小/像素	参数量	GFLOPs	mAP/%	AP50/%	AP75/%	mAPM/%	mAPL/%	AR/%
自下而上的方法										
Openpose[91]	—	—	—	—	61.8	84.9	67.5	57.1	68.2	66.5
Hourglass[86]	Hourglass	512	277.8M	206.9	65.5	86.8	72.3	60.6	72.6	70.2
Pifpaf[92]	—	—	—	—	66.7	—	—	62.4	72.9	—
SPM[93]	—	—	—	—	66.9	88.5	72.9	62.6	73.1	—
PersonLab+[94]	ResNet-152	1401	68.7M	401.5	68.7	89.0	75.4	64.1	75.5	75.4
HigherHRNet-W48[95]	HRNet-w48	640	61.8M	154.3	70.5	89.3	77.2	66.6	75.8	74.9
自上而下的方法										
Mask-RCNN[96]	ResNet-50-FPN	—	—	—	63.1	87.3	68.7	57.8	71.4	—
G-RMI[97]	ResNet-101	353 × 257	42.6M	57.0	64.9	85.5	71.3	62.3	70.0	69.7
Integral Pose Regression[98]	ResNet-101	256 × 256	41.0M	11.0	67.8	88.2	74.8	63.9	74	—
G-RMI + extra data[97]	ResNet-101	353 × 257	42.6M	57.0	68.5	87.1	75.5	65.8	73.3	73.3
CPN[87]	ResNet-Inception	384 × 288	—	—	72.1	91.4	80.0	68.7	77.2	78.5
RMPE[99]	PyraNet	320 × 256	28.1M	26.7	72.3	89.2	79.1	68.0	78.6	—
CFN[100]	—	—	—	—	72.6	86.1	68.7	78.3	64.1	—
CPN (ensemble)[87]	ResNet-Inception	384 × 288	—	—	73.0	91.7	80.9	69.5	78.1	79.0
SimpleBaseline[101]	ResNet-152	384 × 288	68.6M	31.6	73.7	91.9	81.1	70.3	80.0	79.0
DARK +HRNet-W32[88]	HRNet-W32	128 × 96	28.5M	1.8	70.0	90.9	78.5	67.4	75.0	75.9
DARK +HRNet-W48[88]	HRNet-W48	384 × 288	61.6M	32.9	76.2	92.5	83.6	72.5	82.4	81.1
DARK+ extra data[102]	HRNet-W48	384 × 288	61.6M	32.9	77.4	92.6	84.6	73.6	83.7	82.3
HRNet-W32[88]	HRNet-W32	256 × 192	28.5M	7.1	74.4	90.5	81.9	70.8	81.0	79.8
HRNet-W48[88]	HRNet-W48	256 × 192	61.6M	14.6	75.1	90.6	82.2	71.5	81.8	80.4
HRNet-W32[88]	HRNet-W32	384 × 288	28.5M	16.0	74.9	92.5	82.8	71.3	80.9	—
HRNet-W48[88]	HRNet-W48	384 × 288	61.6M	32.9	75.5	92.5	83.3	71.9	81.5	80.5
SaMr-W32(本章算法)	SaMr-W32	256 × 192	30.6M	8.4	75.3	92.5	82.7	71.5	81.1	79.6
SaMr-W48(本章算法)	SaMr-W48	256 × 192	68.5M	17.2	75.6	92.7	82.9	71.8	81.8	80.2
SaMr-W32(本章算法)	SaMr-W32	384 × 288	30.6M	18.7	75.8	92.9	83.3	72.1	81.6	80.9
SaMr-W48(本章算法)	SaMr-W48	384 × 288	68.5M	37.9	76.1	93.1	83.6	72.3	81.6	81.0

注：GFLOPs-浮点运算次数。

2) 在 MPII 数据集上的实验结果分析

本章除了在 MS COCO 数据集上对本章所提算法进行了评估，表 5-3 还给出了本章算法与 15 个主流算法在 MPII 数据集上的实验对比结果，其中精度指标有各个关节点的 PCKh@0.5、平均 PCKh@0.5。由表 5-3 中结果可以得出，本章算法获得了 92.5%的平均 PKCh@0.5 关节点估计结果，其关节点估计精度高于 Sun 等[88]、Xiao 等[101]、Newell 等[86]提出的算法。

表 5-3　在 MPII 数据集上的实验对比结果　　　　　（单位：%）

算法对应文献或算法	Head 处 PCKh@0.5	Shoulder 处 PCKh@0.5	Elbow 处 PCKh@0.5	Wrist 处 PCKh@0.5	Hip 处 PCKh@0.5	Knee 处 PCKh@0.5	Ankle 处 PCKh@0.5	平均 PCKh@0.5
Hu 等[103]	91.0	91.6	81.0	76.6	81.9	74.5	69.5	82.4
Pishchulin 等[104]	97.0	91.0	81.8	78.1	91.0	86.7	82.0	87.1
Gkioxari 等[8]	96.2	91.1	86.7	82.1	81.2	81.4	74.1	86.1
Newell 等[86]	98.2	96.3	91.2	87.1	90.1	87.4	81.6	90.9
Sun 等[9]	98.1	96.2	91.2	87.2	89.8	87.4	84.1	91.0
Tang 等[105]	97.4	96.4	92.1	87.7	90.2	87.7	84.4	91.2
Ning 等[106]	98.1	96.3	92.2	87.8	90.6	87.6	82.7	91.2
Luvizon 等[107]	98.1	96.6	92.0	87.5	90.6	88.0	82.7	91.2
Chou 等[108]	98.2	96.8	92.2	88.0	91.3	89.1	84.9	91.8
Lifshitz 等[109]	97.8	91.3	81.7	80.4	81.3	76.6	70.2	81.0
Yang 等[110]	98.5	96.7	92.5	88.7	91.1	88.6	86.0	92.0
Ke 等[111]	98.5	96.8	92.7	88.4	90.6	89.3	86.3	92.1
Tang 等[112]	98.4	96.9	92.6	88.7	91.8	89.4	86.2	92.3
Xiao 等[101]	98.5	96.6	91.9	87.6	91.1	88.1	84.1	91.5
Sun 等 [88]	98.6	96.9	92.8	89.0	91.5	89.0	81.7	92.3
本章算法	98.7	97.4	91.1	88.9	91.8	89.3	86.5	92.5

注：Head-头；Shoulder-肩；Elbow-肘；Wrist-腕；Hip-髋；Knee-膝；Ankle-踝。后文同。

3) 可视化结果定性分析

图 5-7 为本章算法在 MS COCO 测试数据集上的可视化关节点预测结果。从图 5-7 可知，本章算法在多变的人体姿态估计、复杂背景、人体关节点遮挡等情况下均能获得较好的关节点预测结果，进一步定性分析了本章所提出算法的有效性。

图 5-7 基于 MS COCO 测试数据集的关节点估计结果可视化图

5.4 本章小结

  本章首先针对 top-down 框架中人体姿态估计方法存在的两个问题——尺度变化和信息损失进行研究，提出一种基于尺度感知的多分辨率姿态估计方法，该方法以 HRNet 为骨干网络，通过引入膨胀卷积模型扩大卷积的感受野，提高多尺度特征信息提取的能力；其次，构建基于注意力的多尺度特征融合模型，通过对多分辨率特征进行权重计算，实现特征的有效融合；最后，通过设计尺度感知的关节点回归模型，逐步结合从低分辨率到高分辨率的特征，进行关节点热力图的回归预测。本章通过消融实验、MS COCO 数据集和 MPII 数据集对本章所提出算法进行了分析和验证，实验结果表明了本章所提出算法的有效性。

第6章 基于序列多尺度特征融合表示的层级舞蹈动作姿态估计

6.1 引 言

尽管人体姿态估计为计算机视觉领域的热点研究方向，但其在民间舞蹈动作分析领域的应用目前还处于探索初期。民间舞蹈是文化表达的重要组成部分，然而，我国舞蹈课堂参与人数众多，教师往往只能通过观察学生的肢体动作和面部表情来大致判断学生对舞蹈动作的掌握情况，无法对学生动作和情感变化进行精确评估。因此，应用信息技术实时对舞者的动作姿态进行估计，及时获得课堂舞蹈教学状态信息，将极大促进因材施教的实施[113]。

随着科技与文化深度融合的开展，对舞蹈图像中的动作姿态进行估计将成为计算机视觉技术的一个重要应用领域，其不仅可以用于专业舞蹈者动作纠正、舞蹈自助教学等场景，还可以用于运动员运动分析、比赛仲裁、动作识别、影视娱乐、辅助游戏设计、增强现实(augmented reality，AR)、虚拟现实(virtual reality，VR)等多个人机交互现实场景；同时，可以充分发挥舞蹈教学作为"文化自信"育人载体的作用，对实现中华民族文化的传承和振兴具有重要意义。

多人姿态估计方法可以分为自上而下(top-down)和自下而上(bottom-up)两类，前者首先通过目标检测器检测出图像中的人体检测框，其次对每一个人体检测框进行单人姿态估计产生人体关节点，最后对关节点进行连接形成人体姿态估计结果。自底向上的姿态估计方法与前者正好相反，主要分为关节点检测和关节点聚类两部分，首先利用单人姿态估计算法将图像中所有的关节点检测出来，然后对不同人体的关节点进行聚类，将属于同一个人体的关节点聚合到一起实现多人姿态估计。

上述两类多人姿态估计方法各有优缺点，top-down方法将人体姿态估计分为人体目标检测和单人姿态估计两步。由于其依赖于性能较好的目标检测算法及单人姿态估计算法，人体姿态估计的准确率较高。但是，该类方法的性能受目标检测框质量影响严重，即使最先进的目标检测器也会存在检测误差，造成人体检测框冗余、漏检和误检等现象。bottom-up方法不依赖于目标检测器进行人体框的检测，因此其检测速度较快，但是对不同关节点进行聚合时受遮挡影响严重，当多人距离较近时，很容易造成同一人体关节点聚类歧义问题，因此其人体姿态估计准确率较低。

此外，现有的人体姿态估计方法主要针对传统的数据集，如 MS COCO、MPII、LSP 等，其包含简单的人体姿态，如站立、走路等。但是，舞蹈动作姿态估计中存在舞蹈动作复杂多变、连贯性强、严重遮挡，舞蹈课堂场景中多存在光线变化及相机视角变化等干扰因素，极大地增加了舞蹈动作姿态估计的难度。因此，传统人体姿态估计方法存在难以准确估计舞蹈者动作变化的问题。

针对上述问题，本章提出一种基于序列多尺度特征融合表示的层级舞蹈动作姿态估计算法，其流程如图 6-1 所示。该算法采用 top-down 框架，首先，利用 YOLOv3 进行舞蹈者人体框的检测。其次，为了解决舞蹈动作中骨骼关节点尺度变化剧烈的问题，采用 HRNet 作为骨干网络，提出一种序列多尺度特征融合方法，通过对高层和低层的多尺度特征进行有效融合，提升姿态估计算法对于尺度变化的鲁棒性。再次，为了解决舞蹈姿态中常见的大幅形变和严重遮挡问题，本章深入研究了人体骨骼关节点之间的几何关系，设计了一种基于关节点几何关系的层级姿态估计模型，该模型以关节点的几何关系为基础，通过多层次的关节点估计，提高舞蹈者关节点位置估计的准确度。最后，在公共数据集及自建舞蹈数据集上验证所提算法的有效性。

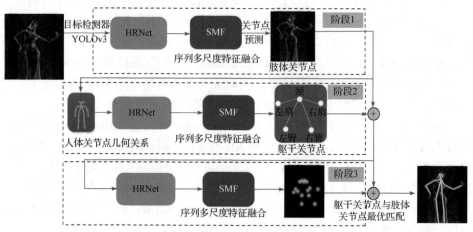

图 6-1　基于序列多尺度特征融合表示的层级舞蹈动作姿态估计算法的流程图

6.2　基于序列多尺度特征融合表示的
层级舞蹈动作姿态估计算法

6.2.1　基于 YOLOv3 的人体框检测

本章算法在人体目标检测阶段采用端到端的算法，基于 YOLOv3 检测器[114]

进行舞蹈者人体检测框(human detection box)的提取。将 RGB 图像输入 YOLOv3 模型，获得相应的人体检测框用于人体姿态估计。

6.2.2　多尺度特征融合表示

由于姿态估计任务是像素级(pixel-wise)关节点估计问题，其需要利用低层和高层特征对不同尺度大小的关节点进行定位，高层特征有利于大尺度关节点的定位，低层特征对小尺度关节点的定位非常重要。为了应对舞蹈动作中骨骼关节尺度剧烈变化所带来的挑战，在此设计一种序列多尺度特征融合模型，以增强姿态估计算法对于尺度变化的适应能力，从而提高其鲁棒性。

6.2.2.1　HRNet

本章算法以 HRNet 为骨干网络[88]，如图 6-2 所示，HRNet 骨干网络由 4 个并行的多分辨率子网络构成，每个子网络采用 ResNet 模块设计原则，由 4 个残差单元组成。HRNet 首先以高分辨率子网络作为起始阶段，其次重复添加从高分辨率到低分辨率的子网络形成第 2～4 阶段的输出，最后通过交换单元(exchange unit)对高、中、低分辨率的特征进行跨尺度的融合，并行连接多分辨率子网络，得到相应的输出特征图(feature map)。

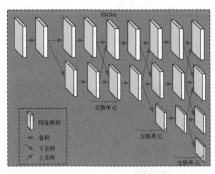

图 6-2　HRNet 骨干网络

HRNet 由于能够较好地提取输入图像的多分辨率特征，具有较强的特征表示能力，在目标检测、识别，图像分割以及人体关节点估计任务中获得较好的结果。但是，HRNet 在人体姿态关节点估计过程中并没有充分利用其提取的多分辨率特征，仅使用其中的高分辨率特征进行关节点热力图估计，丢弃其他中、低分辨率特征，从而造成特征表示过程中的信息损失，影响关节点估计的准确性。针对上述问题，本章提出构建序列多尺度特征融合模型，以提高姿态估计特征表示的能力。

6.2.2.2　序列多尺度特征融合

在特征表示中，低分辨率的高层特征具有丰富的语义信息但其位置信息相对粗糙，高分辨率的低层特征虽然语义信息相对较弱但包含准确的位置信息。因此，本小节提出序列多尺度特征融合(SMF)算法，对高、低分辨率特征进行有序融合，增强网络特征表示的能力。如图 6-3 所示，该序列多尺度特征融合算法对 HRNet 最后一个聚合单元输出的 4 个不同分辨率特征图经过卷积、插值(interpolation)和反卷积(deconvolution)操作进行由高分辨率到低分辨率的序列多特征融合。

本章以 HRNet 最后一个聚合单元输出的 4 个特征图作为序列多尺度特征融合模块的输入特征 $\tilde{X} = \{\tilde{X}_1, \tilde{X}_2, \cdots, \tilde{X}_m\}$，其中，$m$ 表示输入特征对应的分辨率(在此 $m = 4$)。对于任意的第 i 个分辨率特征，首先进行 conv3×3 卷积操作，然后通过插值和反卷积操作，使得第 i 个分辨率特征 $\tilde{X}_i$ 上采样成为修正后的第 $i-1$ 个分辨率特征 $\hat{X}_{i-1}$：

$$\hat{X}_{i-1} = \mathrm{Int}\left(\mathrm{conv}\left(\tilde{X}_i\right)\right) + \mathrm{Dec}\left(\mathrm{conv}\left(\tilde{X}_i\right)\right) \tag{6-1}$$

式中，$\mathrm{conv}(\cdot)$ 表示卷积操作；$\mathrm{Int}(\cdot)$ 和 $\mathrm{Dec}(\cdot)$ 分别表示插值操作和反卷积操作。

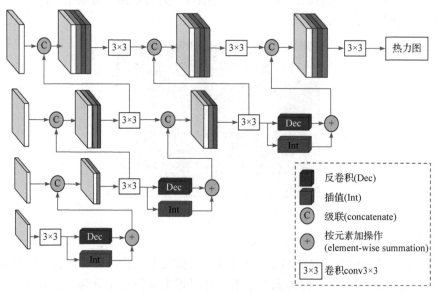

图 6-3　序列多尺度特征融合(SMF)模块

接着，级联上采样获得的修正后的第 $i-1$ 个分辨率特征 $\hat{X}_{i-1}$ 和第 $i-1$ 个分辨率特征 $\tilde{X}_{i-1}$，得到融合后的第 $i-1$ 个分辨率特征 X'_{i-1}：

$$X'_{i-1} = \mathrm{concat}\left(\hat{X}_{i-1}, \tilde{X}_{i-1}\right) \tag{6-2}$$

式中，concat(·) 表示级联特征 $\hat{X}_{i-1}$ 和 $\tilde{X}_{i-1}$。

经过反复执行式(6-1)和式(6-2)实现高、低分辨率特征的序列融合，如式(6-2)所示，最终获得融合多分辨率多尺度信息的特征 X_i'。

最后，在最终的特征 X_i' 上使用 softmax 函数获得关节点的热力图，由热力图估算获取各关节点的位置信息。

6.2.3　基于关节点几何关系的层级姿态估计

考虑到舞蹈姿态存在大形变及严重遮挡的问题，首先利用 6.2.2 小节中估计得到的人体骨骼关节点信息，对关节点的几何关系进行深入分析，并构建基于关节点几何关系的层级姿态估计模型，实现舞蹈者身体关节点位置的多层次估计，从而提升关节点位置估计的准确性。

首先，根据人体结构将 6.2.2 小节中所获得的关节点划分为两类：第一类是形变较小的连接人体各关节点的躯干关节点(k^{trunk})，如肩、臀、颈部；第二类是形变明显的肢体关节点(k^{limb})，如手腕、手肘、膝盖及脚踝等铰链关节。然后，根据所划分的两类关节点，设计层级姿态估计模型，将人体所有关节点(图 6-4(a))聚合为如图 6-4(b)所示的躯干关节点，分为 5 部分，即颈、左肩、右肩、左臀、右臀，进行基于人体关节点几何关系的关节点预测。

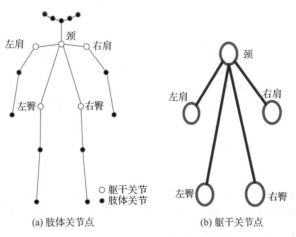

(a) 肢体关节点　　　　　　(b) 躯干关节点

图 6-4　人体关节点几何关系

如图 6-1 所示，本章所设计的层级网络由 3 个阶段组成。网络的第 1 阶段为根据 6.2 节设计的 SMF 模型进行人体所有关节点的热力图预测，并计算相应的坐标位置。将第 1 阶段所获得的关节点热力图作为第 2 阶段网络的输入，鉴于人体躯干关节的形变较小及肢体关节的形变较大的特点，本章利用 SMF 模型从第 1 阶段所获得的所有人体关节点中预测形变较稳定的躯干关节点(k^{trunk})，将人体关节点划分为以躯干关节点为主的 5 部分，也称为 5 类(颈、左肩、右肩、左臀、右臀)。接着，将网络第 1 阶段获得的所有关节点及第 2 阶段预测获得的 5 类躯干关节点作为输入，构建第 3 阶段网络。同时，考虑人体结构的几何相关性，将人体所有关节点进行类内关联，并划分到 5 类躯干关节点中，实现肢体关节点与躯干关节点的连接。

由于每一类躯干关节点可以有多个候选肢体关节点与其连接，同样，每一个肢体关节点也可能与任意一类躯干关节点相连接，因此，对于任意一类躯干关节点与肢体关节点，设 N_1、N_2 分别为第 c 部分躯干关节点 k_1^{limb} 和肢体关节点 k_2^{limb} 的候选关节点集合，则所有类内候选关节点连接集合的最优匹配问题为

$$Z_c = \left\{ z_{k_1,k_2}^{m,n} : k_1, k_2 \in \{1, \cdots, K\}, m \in \{1, \cdots, N_1\}, n \in \{1, \cdots, N_2\}, c \in \{1, \cdots, 5\} \right\} \quad (6\text{-}3)$$

式中，$z_{k_1,k_2}^{m,n} \in \{0,1\}$，表示关节点 k_1 和 k_2 是否连接。

对于相互连接的成对关节点 (k_1, k_2)，根据图模型中两条边共享共同节点的方式将关节点之间的连接匹配问题转化为偶图匹配子问题。通过求解所有类内候选关节点连接集合的最优匹配问题，得到躯干关节点与肢体关节点之间连接的最优匹配，表示为

$$z_{k_1,k_2} = \max E_{mn} z_{k_1,k_2}^{m,n} \quad (6\text{-}4)$$

$$\sum_{N_1} z_{k_1,k_2}^{m,n} \leqslant 1 \wedge \sum_{N_2} z_{k_1,k_2}^{m,n} \leqslant 1 \quad (6\text{-}5)$$

式中，E_{mn} 表示由部件关联域的部件关联 (part affinity fields for part association, PAFs)方法(文献[91]中式(11))计算关节点之间的关联概率。

最后，连接所有躯干关节点与肢体关节点的最优匹配组成人体的最终姿态估计结果。

6.2.4　损失函数

损失函数由 3 部分组成，分别为网络第 1 阶段所估计的所有关节点与真值的差，网络第 2 阶段所估计的躯干关节点与真值的差，以及网络第 3 阶段所估计的肢体关节点与真值的差。损失函数表达式为

$$l = \frac{1}{3m'n'} \sum_{i=1}^{n'} \sum_{j=1}^{m'} \left(\begin{array}{l} \left\| H(k_{ij}) - \text{GT}(k_{ij}) \right\|^2 \\ + \left\| H(k_{ij}^{\text{trunk}}) - \text{GT}(k_{ij}^{\text{trunk}}) \right\|^2 \\ + \left\| H(k_{ij}^{\text{limb}}) - \text{GT}(k_{ij}^{\text{limb}}) \right\|^2 \end{array} \right) \quad (6\text{-}6)$$

式中，n' 为训练样本数；m' 为关节点数；$H(k_{ij})$ 为预测的第 i 个样本第 j 个关节点的热力图，其对应的真值为 $GT(k_{ij})$。

6.3　实验结果与性能分析

6.3.1　实验数据、对比算法及评价指标

为了验证本章所提出算法的有效性，本章设计的实验包含公共数据集 MS COCO 2017[98]及舞蹈数据集(包含自摄舞蹈数据及网络下载舞蹈数据)上的单人及多人舞蹈动作姿态估计对比分析。MS COCO 2017 数据集包含 57000 个训练数据 COCO train 2017，5000 个验证数据 COCO val 2017 以及 20000 个测试数据 COCO test-dev 2017。舞蹈数据集包含 20000 个舞蹈数据，其中，10000 个用于训练，10000 个用于测试。本章将所提出的人体姿态估计算法与目前主流的人体姿态估计算法进行对比分析，其中对比算法包含 5 种自上而下的算法 (CPN[87]、SimpleBaseline[101]、Mask-RCNN[96]、RMPE[99]、HRNet[88])和 4 种自下而上的算法 (Openpose[91]、Pifpaf[92]、Hourglass[86]、HigherHRnet[95])，采用 OKS 作为定量评价指标。

6.3.2　实验设置

本章实验在 Ubuntu 16.04，4 个 NVIDIA 1080Ti GPU 组成的服务器上运行，选用 Python 语言及 PyTorch 深度网络框架。选用 HRNet-W32 为骨干网络，输入图像大小为 256 像素×192 像素。对输入图像进行增强操作，包括随机翻转、±45° 旋转以及 ±35% 尺度缩放。网络使用 Adam 优化方式，其初始学习率为 0.001，经过 100～130 次训练迭代下降到 0.00001，网络总共迭代训练 210 次。

6.3.3　实验结果分析

6.3.3.1　实验 1：标准数据集实验结果

本章首先在 COCO test-dev 2017 数据集上，将所提出的算法与 9 种主流的人体姿态估计算法进行多人姿态对比分析。为了与其他对比算法公平比较，本章在 COCO 数据集上采用文献[101]中使用的目标检测器进行人体检测框的提取，获得人体检测框之后再根据本章所提出的算法进行人体姿态估计，实验结果如表 6-1 所示，本章所提出算法在 COCO test-dev 2017 数据集上姿态估计结果的部分可视化图如图 6-5 所示。

表 6-1　本章算法及对比算法在标准数据集上的人体姿态估计结果

模型	骨干网络	输入图像大小/像素	AP/%	AP^{50}/%	AP^{75}/%	mAP^M/%	mAP^L/%	AR/%
自下而上的算法								
Openpose[91]	—	—	61.8	84.9	67.5	57.1	68.2	66.5
Hourglass[86]	Hourglass	512	65.5	86.8	72.3	60.6	72.6	70.2
Pifpaf[92]	—	—	66.7	—	—	62.4	72.9	—
HigherHRNet-W48[95]	HRNet-W48	640	70.5	89.3	77.2	66.6	75.8	74.9
自上而下的算法								
Mask-RCNN[96]	ResNet-50-FPN	—	63.1	87.3	68.7	57.8	71.4	—
CPN[87]	ResNet-Inception	384 × 288	72.1	91.4	80.0	68.7	77.2	78.5
RMPE[99]	PyraNet	320 × 256	72.3	89.2	79.1	68.0	78.6	—
SimpleBaseline[101]	ResNet-152	384 × 288	73.7	91.9	81.1	70.3	80.0	79.0
HRNet-W32[88]	HRNet-W32	256 × 192	74.4	90.5	81.9	70.8	81.0	79.8
本章算法	HRNet-W32	256 × 192	75.7	92.8	82.8	71.9	81.4	79.7

通过表 6-1 可以得出，本章所提出的算法在输入图像大小为 256 像素×192 像素，HRNet -W32 为骨干网络的框架上，获得 75.7%AP。HRNet-W32 算法获得 74.4%AP，SimpleBaseline 算法获得 73.7%AP，Mask-RCNN 算法获得 63.1%AP。其中，AP 到 mAP^L 为各种对比算法在数据集上使用相应的目标检测器所获得的多人姿态估计的平均准确率。本章所提出的算法相比于 4 种自下而上的算法而言，分别获得高于 Openpose、Hourglass、Pifpaf 以及 HigherHRNet-W48 算法 13.9、10.2、9、5.2 个百分点的 AP 值；与 5 种自上而下的算法对比，本章所提出的算法分别获得高于 Mask-RCNN、CPN、RMPE、SimpleBaseline 以及 HRNet-W32 算法 12.6、3.6、3.4、2.0、1.3 个百分点的 AP 值。综上所述，本章所提出的算法在多数评价指标上取得较好的多人姿态估计结果。本章算法针对人体尺度变化的问题，构建序列多尺度特征融合模型，提高算法对人体尺度变化的鲁棒性；同时，针对遮挡及姿态形变等问题，设计基于关节点几何关系的层级姿态估计模型，提高算法姿态估计的效果。因此，如图 6-5 所示，本章算法在遮挡、尺度变化较大、复杂背景等场景中能较好地实现多人人体姿态估计，获得较好的姿态估计结果。

6.3.3.2　实验 2：自建舞蹈数据集实验结果

为了验证本章算法的普适性，在自建舞蹈数据集上对所提出的算法进行人体姿态估计。由于自建舞蹈数据集缺少真值，采用自己标定的方法与其他对比方法进行定量对比分析缺乏公平性，因此，在自建舞蹈数据集上本章仅进行定性分析，部分实验结果如图 6-6、图 6-7 所示。本章挑选 5 类各具特色的单人、多人民族舞

图 6-5　本章算法在 COCO test-dev 2017 数据集上姿态估计结果的部分可视化图

蹈数据集进行可视化结果分析，具体包括藏族舞蹈、傣族舞蹈、汉族秧歌、蒙古族舞蹈、维吾尔族舞蹈。

1. 自建单人舞蹈数据集实验结果

图 6-6 为本章算法在自建单人舞蹈数据集上的部分可视化结果。在藏族舞蹈中，

图 6-6　本章算法在自建单人舞蹈数据集上的部分舞蹈姿态估计可视化图

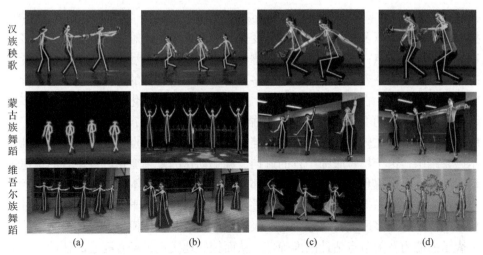

汉族秧歌

蒙古族舞蹈

维吾尔族舞蹈

(a)　　　　　　　(b)　　　　　　　(c)　　　　　　　(d)

图 6-7　本章算法在自建多人舞蹈数据集上的部分舞蹈姿态估计可视化图

如图 6-6(a)～(c)所示，由于舞者所穿长裙的遮挡，即使人眼也很难准确定位出腿部关节的位置；如图 6-6(d)、(e)所示，舞者水袖对胳膊关节点及腿部关节点的遮挡，加大了姿态估计的难度。本章算法在此情况下，根据人体关节点的几何关系，通过层级姿态估计模型进行偶图匹配子问题求解，从而进行遮挡关节点的预测，获得较为准确的关节点估计结果。在傣族舞蹈中，如图 6-6(a)～(e)所示，舞者姿态存在剧烈的形变、舞者身体自遮挡及服饰遮挡现象严重，加大了关节点估计的难度。在汉族秧歌舞蹈中，如图 6-6(a)～(e)所示，道具扇子对舞者姿态存在严重的遮挡；同时，舞者存在快速运动，导致运动模糊，如图 6-6(d)、(e)所示。在蒙古族舞蹈中，如图 6-6(a)～(e)所示，舞者姿态存在严重的自遮挡及服饰遮挡，即使人眼也很难准确定位出长裙遮挡腿部关节点的位置。在维吾尔族舞蹈中，如图 6-6(a)～(e)所示，灯光的影响以及服饰遮挡和舞者快速运动，增加了舞者关节点估计的难度。综上所述，本章算法针对舞蹈动作复杂多变，姿态形变剧烈等问题构建序列多尺度特征融合模型，提高姿态估计特征表示的能力；同时，对人体关节点几何关系进行分析，设计层级姿态估计模型，对遮挡关节点进行推理。如图 6-6 所示，本章所提出的算法在舞者存在遮挡、姿态剧烈形变、灯光干扰及快速运动等情况下均能较好地实现舞者姿态的估计，验证了本章所提出算法的有效性。

2. 自建多人舞蹈数据集实验结果

图 6-7 为本章算法在自建多人舞蹈数据集上的部分可视化结果。多人舞蹈姿态估计相对单人舞蹈姿态估计更具挑战性，其不仅包含单人姿态估计中舞者服饰变化、复杂背景、自遮挡及视角变化等问题，还需要处理人数未知、多人之间的

互遮挡等问题。在藏族舞蹈中，如图 6-7(a)～(d)所示，由于舞者所穿长裙的遮挡、摄像头视角变化以及舞者剧烈的动作变化，即使人眼也很难同时准确定位出多个舞者的身体关节点；在傣族舞蹈中，舞台灯光昏暗、舞者动作复杂多变、舞者姿态变化剧烈、统一着装服饰的干扰及多人互遮挡、自遮挡的影响，加剧了舞者关节点估计的难度；在汉族秧歌舞蹈中，舞者较大的姿态变化、舞者动作复杂多变以及摄像头视角的变化，增加了姿态估计的难度；在蒙古族舞蹈中，舞者姿态尺度变化较大、存在较为严重的服饰遮挡，增加了舞者关节点估计的难度。在维吾尔族舞蹈中，由于舞者服饰严重的遮挡、舞蹈动作的复杂变化以及舞者的快速运动，即使人眼也很难准确定位出遮挡部位关节点的位置。本章算法在上述舞者动作复杂多变、姿态形变剧烈、遮挡严重、服饰及舞台灯光干扰等情况下，通过所构建的基于序列多尺度特征融合的层级舞蹈动作姿态估计模型，提高姿态估计特征表示的能力及关节点估计的准确性，从而较好地实现了舞者姿态的估计，验证了本章所提出算法的有效性。

6.4　本　章　小　结

　　本章提出一种基于序列多尺度特征融合表示的层级舞蹈动作姿态估计算法，该算法针对舞蹈动作复杂多变，姿态尺度变化较大等问题，构建序列多尺度特征融合模型，提高姿态估计算法对舞蹈动作骨骼关节点剧烈尺度变化的鲁棒性；同时，针对舞蹈姿态形变较大，遮挡严重的问题，设计基于关节点几何关系的层级姿态估计模型，提高舞蹈姿态估计的准确性。实验结果表明，本章姿态估计算法在标准人体姿态估计数据集和自建单人、多人舞蹈数据集上取得较好的姿态估计效果。后续可以结合实际应用场景任务需求，将其应用于舞蹈教学中，实现舞蹈动作的实时纠正，辅助舞蹈者的教学训练，这对于传承中华文化具有重要意义。

3D 人体姿态估计

第7章　基于时空注意力机制的 3D 人体姿态估计

7.1　引　　言

三维(3D)人体姿态估计的主要目标是定位输入图像或视频中的人体 3D 关节点，随着深度卷积神经网络的发展，3D 人体姿态估计的性能得到很大的提升。然而，由于频繁的遮挡、2D 人体姿态估计误差和 2D 投影的深度模糊，从 2D 关节点预测 3D 姿态仍然是一项具有挑战性的任务。3D 人体姿态估计是一个很有应用前景的研究领域，对动作识别、人机交互和运动员运动分析等应用都有重要影响。

现有的 3D 人体姿态估计方法一般可以分为两类：直接回归方法和 2D-3D 回归方法[115]。前者直接从 2D 图像回归 3D 姿态关。后者首先估算 2D 关节点，然后将其投射到 3D 空间中。虽然 2D 姿态估计在 3D 姿态估计中的应用取得了良好的效果，但基于单目图像的 3D 关节估计仍然是一个具有挑战性的任务[114]，其主要原因可以归纳为以下三个方面。①自遮挡问题：拍摄角度和人体姿态变化导致关节遮挡，造成相应的信息缺失；②深度模糊性问题：不同的 3D 姿态由于角度因素，其投影到 2D 平面中对应同一个 2D 姿态；③2D 姿态估计的误差：基于两阶段的 3D 姿态估计的性能受 2D 姿态估计效果严重影响，2D 姿态估计微小的误差会导致 3D 姿态估计不准确。

为了克服上述问题，研究者利用深度神经网络捕获视频序列时空信息的能力进行模型构建，以提高三维姿态估计的性能。首先，由于关节点的空间依赖关系在每一帧中自然地表达了身体关节之间的相关性，有效提取关节点的空间信息可以抑制产生不符合人体物理结构 3D 姿态的概率，从而在一定程度上有效解决自遮挡问题。然后，视频序列中的时间信息可以有效表征相邻帧中关节点的全局依赖关系，这一特性可以很好地解决 3D 姿态估计中的深度模糊性问题。虽然已有部分研究从时空维度出发对 3D 人体姿态估计进行研究，但其在空间和时间相关性方面的特征提取仍存在固有的局限性。例如，基于 CNN 的时间卷积通常依赖于时间空洞卷积进行关节点长期依赖关系的建模，其在时间连接方面受到空洞卷积的限制，所提取的时间特征仅仅局限于关节点的顺序特征[115]。此外，现有的 3D 人体姿态估计方法大多只考虑关节点的空间约束或时间相关性，未考虑二者的相互作用及互补性。

近年来，随着注意力机制在计算机视觉任务领域的广泛应用，其在跨输入序列的全局一致性信息建模方面表现出优异的特性。因此，有效应用注意力机制对输入序列的空间依赖性和时间一致性的互补特性进行建模，对 3D 人体姿态估计任务性能的提升非常有用。因此，本章专注于如何有效地提取人体关节点的时空特征，从提取 3D 人体姿态的高维特征入手，结合注意力机制，设计一种基于时空注意力机制的 3D 人体姿态估计模型，以提高 3D 人体姿态估计的性能。

本章设计了一个遵循 U-Net 网络架构的多尺度多层次时空注意力模型来提取人体骨骼特征。该网络采用多尺度特征表示和先验人体骨骼拓扑结构进行模型构建。其中，多尺度时空注意力模型用来学习相邻帧中不同关节点之间的帧内相互作用和帧间相关性。首先，通过多尺度特征表示捕获输入信息不同分辨率的局部到全局的特征。其次，在 U-Net 网络架构的每个层次上融合不同层次的中间特征，获得模型浅层到深层的特征信息。最后，设计一种骨架约束的池化和反池化操作进行多尺度特征的融合。实验结果表明，本章所提出的多尺度时空注意力模型能够较好地实现 3D 人体姿态的估计。

7.2　网络结构设计

如图 7-1 所示，本节所设计的基于 U-Net 网络框架的时空注意力网络(U-shaped spatial-temporal transformer network，U-STN)模型重点研究如何有效地提取关节点的空间和时间特征，以提高 3D 人体姿态估计的性能。该模型设计了一种多尺度多层次时空注意力模型，用于提取人体骨骼特征，其中所设计的多尺度时空注意力模型用于捕捉不同关节点的帧内交互信息以及获取帧间的全局相关性特征。首先，设计多尺度特征表示模型，捕捉输入数据从小分辨率到大分辨率的信息，其有助于所设计的模型获得丰富的局部与全局的骨架信息特征。其次，构建多层次特征表示模型，该模型通过使用 U-Net 网络中不同深度的中间特征信息，捕获网络模型从浅层到深层的各层语义信息。最后，提出骨架约束的池化操作和反池化操作，使得所设计的 U-STN 模型在对不同尺度分辨率的特征进行转化的同时尽量保留所有层中有意义的语义信息。

本节所设计的 U-STN 模型遵循 2D-3D 回归的姿态估计框架，对于给定的 2D 姿态关节序列 $P = \{p_{t,j} | t = 1, \cdots, T; j = 1, \cdots, J\}$，3D 人体姿态估计(human pose estimation，HPE)的目标是预测其对应的 3D 关节点坐标 $S = \{s_{t,j} | t = 1, \cdots, T; j = 1, \cdots, J\}$，其中 $p_{t,j} \in \mathbb{R}^{J*2}$ 和 $s_{t,j} \in \mathbb{R}^{J*3}$ 分别表示 $t \in T$ 帧 2D 姿态和 3D 姿态中第 j 个关节的位置；T 和 J 分别表示视频帧数和关节数目。本章所提出的时空注意力网络由三个模块组成：骨架约束池化、基于时空注意力机制的特征提取和多尺度特征融合。

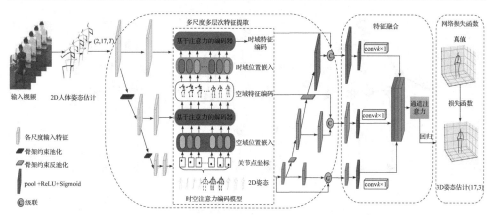

图 7-1 本章所设计的基于时空注意力机制的 3D 人体姿态估计流程图

7.3 基于时空注意力机制的 3D 人体姿态估计算法

7.3.1 骨架约束池化模型

池化操作对于减小特征图大小和扩大感受野非常重要，反池化操作对于保持不同尺度分辨率特征至关重要。现有的大多数 3D HPE 方法将 2D 人体关节点作为一个整体图数据，仅使用单尺度和单分辨率特征来构建输入数据的拓扑关系。因此，现有方法大多存在忽略人体关节具有不同的相对运动空间的事实，如膝盖和肘部比其相邻关节(如髋部和肩部)具有更大的运动空间。因此，根据人体关节在运动中具有的这种特性，本章设计了骨架约束的空间池化层和空间反池化层，以在多尺度特征提取过程中保留更多的语义信息特征，有效学习关节空间关系特征。

(1) 空间池化层。根据人体关节连接关系的特性，本章设计了多尺度骨架结构，其分别具有 17 个、11 个和 7 个不同的关节点数($S=1,2,3$，涉及大、中、小尺度)。如图 7-2 所示，具有全部 17 个身体关节点的大尺度($S=1$)，可以在较小的感受野内提取每个关节点的局部特征；具有 7 个关节点的小尺度($S=3$)，可以在较大的感受野内捕获更多的全局轮廓特征。模型利用空间池化层将相应的特征转换为较低尺度的骨架结构特征。

对于给定 S 尺度下特征矩阵 $\boldsymbol{X}_S \in \mathbb{R}^{V*2}$，首先构造池化矩阵 $\boldsymbol{M}^S$ 实现 S 尺度下的 V 个关节点降为 $S+1$ 尺度下的 U 组，然后通过卷积核大小为 1×1 的 2D 卷积自适应融合特征，如式(7-1)所示：

$$\boldsymbol{X}'_{S+1} = \text{conv}_{2D}((\boldsymbol{M}^S \odot \boldsymbol{W}^S) \otimes \boldsymbol{X}_S) \tag{7-1}$$

式中，$\boldsymbol{X}'_{S+1} \in \mathbb{R}^{U*2}$；$\boldsymbol{M}^S$ 表示 $U \times V$ 的 0、1 矩阵，矩阵中的元素表示 S 尺度中的第 v 个关节点是否属于 $S+1$ 尺度中第 u 个池化组，在本章的模型中 $\boldsymbol{M}^2$ 为 11×17

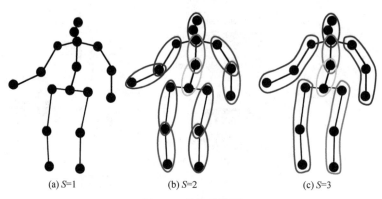

(a) S=1　　　　　　　(b) S=2　　　　　　　(c) S=3

图 7-2　骨架尺度图

矩阵、$\boldsymbol{M}^3$ 为 7×11 矩阵；$\boldsymbol{W}^s \in \mathbb{R}^{U*V}$，表示可训练的权重矩阵，矩阵中的元素用于衡量第 v 个关节点在第 u 个池化组中的重要性；$\odot$ 表示元素相乘；$\otimes$ 表示矩阵相乘。

在 $S=1$ 的大尺度下输入人体关节的高分辨率分支特征,通过本章设计的空间池化层形成一个新的分支。模型基于骨架结构设计了 3 个并列分支,关节点数分别为 17、11 和 7。通过连续的空间池化操作,模型能在更大的感受野内感知特征,这对于捕获输入框架从小分辨率到大分辨率的信息非常有用。空间池化操作可以将全骨架的全局信息嵌入局部信息中,保留不同骨架尺度下的不同分辨率特征。

(2) 空间反池化层。反池化操作对于从原始分辨率恢复较低尺度的骨架信息至关重要。本章算法模型设计了一个骨架约束的空间反池化层,将低尺度的特征传递到后续处理中,并融合形成更高尺度的特征。当 U 组关节点在 $S+1$ 尺度上通过空间池化层进行处理时,对应的节点特征矩阵为式(7-1)中所计算的 $\boldsymbol{X}'_{S+1}$,使用二维转置卷积算子 $\mathrm{conv}_T(\cdot)$ 恢复更高尺度的骨架表示,如式(7-2)所示:

$$\boldsymbol{X}''_S = \mathrm{conv}_T((\boldsymbol{M}^{ST} \odot \boldsymbol{W}^{ST}) \otimes \boldsymbol{X}'_{S+1}) \tag{7-2}$$

式中,上标 T 表示矩阵的转置符号。在实现后文的时空特征提取后,再使用 $S+1$ 尺度的特征 $\boldsymbol{X}'_{S+1}$ 来恢复 S 尺度的特征 $\boldsymbol{X}''_S$。

7.3.2　时空注意力特征提取模型

为了有效捕捉输入帧中的局部关节相关性和身体关节的全局依赖关系,本章设计了时空注意力特征提取模型,如图 7-3 所示,对帧内和帧间的局部和全局骨架特征进行综合编码。

(1) 空间注意力模型。空间注意力模型用来捕获单个帧中不同关节之间的位置关系。该模型将 t 帧中每一帧的 2D 姿态 $\boldsymbol{X}^t \in \mathbb{R}^{J \times 2}$ 视为输入标记,首先,对每一帧二维坐标进行空间通道拓展,如式(7-3)所示:

$$Y_0^t = X^t E_{\text{SExp}} \tag{7-3}$$

式中，$E_{\text{SExp}} \in \mathbb{R}^{2 \times C}$，为空间拓展矩阵；$Y_0^t \in \mathbb{R}^{J \times C}$。

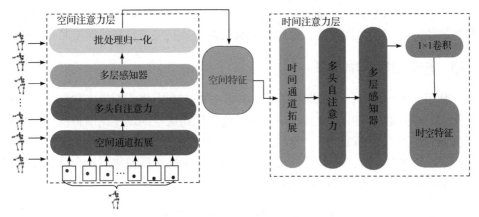

图 7-3　时空注意力特征提取模型

其次，将提取出的高维输出特征输入下一模块中，该模块由 3 个相同的层组成。利用多头自注意力(multi-head self-attention，MSA)层和多层感知器(multilayer perceptron，MLP)处理输入特征 Y_0^t，空间注意力模型的输出 Y_3^t 可表示为

$$Y_i^{t'} = \text{MSA}(Y_{i-1}^t) + Y_{i-1}^t \tag{7-4}$$

$$Y_i^t = \text{MLP}(Y_i^{t'}) + Y_i^{t'} \tag{7-5}$$

式中，$Y_i^t \in \mathbb{R}^{J \times C}$，$i = 1, 2, 3$。

最后，执行批处理归一化，得到空间特征：

$$Y_3^t = \text{BN}(Y_3^t) \tag{7-6}$$

式中，$Y_3^t = \mathbb{R}^{J \times C}$，为归一化后的空间特征；$\text{BN}(\cdot)$ 为归一化函数。

(2) 时间注意力模型。时间注意力模型用来提取输入序列之间的全局一致性信息。首先将空间注意力模型在每一帧的输出 Y_3^t 扁平化为向量 $Y^t \in \mathbb{R}^{1 \times (J \times C)}$，并将它们按照帧序连接起来作为时间注意力模型的输入 $Z_0 = \{Y^1, Y^2, \cdots, Y^T\}$，$Z_0 \in \mathbb{R}^{T \times (J \times C)}$。特征提取过程与空间注意力模型过程相似，在式(7-7)和式(7-8)中描述：

$$Z_i' = \text{MSA}(Z_{i-1}) + Z_{i-1} \tag{7-7}$$

$$Z_i = \text{MLP}(Z_i') + Z_i' \tag{7-8}$$

在执行 3 次相同的 MSA 和 MLP 之后，$Z_3 \in \mathbb{R}^{T \times (J \times C)}$，最后通过 1×1 卷积降低通道数至 1，最终模型的输出可以表示为 $Z \in \mathbb{R}^{J \times C}$。

(3) 基于时空注意力模型的多尺度特征提取。利用 7.3.1 小节中提取的三种不同骨架结构的多尺度特征构建多尺度特征提取模型。首先,来自三个不同尺度分支的特征执行空间注意力模型,然后空间注意力模型的输出被馈送到时间注意力模型中。在对原始的三个不同尺度的骨骼关节经过时空注意力模型变换后,获得三个不同形状和通道的尺度特征。由于这些特征学习了不同关节之间的帧内交互和相邻帧的帧间相关性特征,因此其能够较好地捕获关节信息的时空特征。

7.3.3　多尺度特征融合模型

利用 7.3.2 小节中的三种不同分辨率特征 $\boldsymbol{Y}_S \in \mathbb{R}^{J \times C}$ 作为多尺度特征融合模型的输入。首先通过使用 7.3.1 小节中设计的骨架约束空间反池化层将低尺度骨架特征转化为高尺度特征。三个尺度 $S=1,2,3$ 对应的关节点数和通道维度分别为 $J=17,11,7$ 和 $C=32$。来自较低尺度的特征由骨架约束反池化层处理以实现较高尺度的特征表示,如式(7-9)所示:

$$\boldsymbol{X}_{S-1}'' = \mathrm{conv}_T((\boldsymbol{M}^{ST} \odot \boldsymbol{W}^{ST}) \otimes \boldsymbol{Y}_{S+1}') \tag{7-9}$$

式中,$S=2,3$。

为了将来自时空注意力特征提取模型不同深度的多层次中间特征嵌入多尺度骨架特征中,本章加入了跳跃连接来融合从式(7-9)中恢复的特征 $\boldsymbol{X}_S''$ 和直接通过时空注意力特征提取模型在每个尺度 S 上获得的特征 $\boldsymbol{Y}_S$,如图 7-1 所示。通过融合来自不同层次网络的相同尺度特征来获得每个尺度的综合特征,如式(7-10)所示:

$$\boldsymbol{Y}_S' = \boldsymbol{Y}_S \odot \mathrm{Sigmoid}(\mathrm{ReLU}(\mathrm{pool}(\boldsymbol{Y}_S)\boldsymbol{W}_1)\boldsymbol{W}_2) \oplus \boldsymbol{X}_S'' \tag{7-10}$$

式中,$S=1,2$;平均池化操作 $\mathrm{pool}(\cdot)$ 对每个通道中每个尺度的所有输入序列和骨架节点执行;W_1 和 W_2 表示相应的权重。

由于 $S=3$ 为最小尺度,并不需要通过更小尺度的特征通过反池化层处理得到 $\boldsymbol{Y}_3'$,因此,当 $S=3$ 时,直接以时空注意力特征提取模型在 $S=3$ 尺度下提取的特征作为该尺度下的综合特征:

$$\boldsymbol{Y}_3' = \boldsymbol{Y}_3 \tag{7-11}$$

经过两次特征融合,可以得到整个网络的最终特征 $\boldsymbol{Y}_1' \in \mathbb{R}^{17 \times C}$。

最后,将 $\boldsymbol{Y}_1'$ 馈送到一个线性层,相应的输出为一个 17×3 矩阵 $\boldsymbol{Y}$,$\boldsymbol{Y}$ 即为最终估计出的中心帧对应的 3D 姿态。

7.3.4　网络损失函数

本章所设计的时空注意力网络框架本质上是要训练一个映射函数,使用 2D 姿态关节来估计 3D 关节位置,对应的损失函数为

$$\mathrm{loss} = \frac{1}{T}\sum_{t=1}^{T}\ell(t) \tag{7-12}$$

$$\ell(t) = \frac{1}{J}\sum_{j=1}^{J}\left\|S_{t,j} - y_{t,j}\right\|_{2} \tag{7-13}$$

式中，$\ell(\cdot)$ 代表训练所提出模型的平均(每)关节位置误差(mean per joint position error，MPJPE)[116]；$S_{t,j}$ 和 $y_{t,j}$ 分别代表第 t 帧中第 j 个关节的估计位置和真实 3D 位置。

7.4　实验结果与性能分析

7.4.1　3D 姿态数据集

为了评估所提出时空注意力网络模型的性能，本章使用主流的 3D HPE 数据集 Human3.6M 进行实验分析性能指标。

Human3.6M 是一个在 3D HPE 领域广泛使用的数据集。该数据集是通过拍摄 4 个不同视角下 6 名男性和 5 名女性共 11 位专业演员的动作表现构建的，共含有 360 万组带有准确标签定位的 3D 姿态，囊括了 17 种动作，如吃饭、拍照等。按照文献[117]中给出的设置，将该数据集划分为训练集和测试集，所提出的模型在 5 组数据(S1、S5、S6、S7、S8)上进行训练，在 2 组数据(S9 和 S11)上进行测试。

7.4.2　参数设置与评价指标

7.4.2.1　参数设置

在实验中，通过 7.3.1 小节设计的模型得到网络的 3 个并行分支，其中，三个分支具有相同的感受野和自注意力头数量，分别为 27 和 8，三个分支的关节数量分别为 17、11 和 7；7.3.2 小节中的空间嵌入维数为 32；7.3.3 小节中有两个输入通道数为 2、输出通道数为 1 的全连接层，其作用是将升维后的低维数据与直接经过分支输出的数据做特征融合，经过两个全连接层特征变化后，实现三个分支输出数据的整合。

实验环境为 Ubuntu 18.01.1 平台下 Python 3.8.2，PyTorch 1.7.1 框架下使用一个 NVIDIA RTX 2080 Ti GPU。本章所提出的模型使用权重衰减率为 0.1 的 Adam 优化器训练了 200 次迭代，批处理大小为 512 像素，初始学习率为 0.00004，收缩因子为 0.99，随机失活(dropout)设置为 0.2。

7.4.2.2　评价指标

在 3D 人体姿态估计中，其评价指标主要采用平均(每)关节位置误差(MPJPE)和普氏分析的平均(每)关节位置误差 (Procrustes analysis MPJPE，P-MPJPE)。

MPJPE(Protocol #1)是计算所有关节点的估计坐标与真实坐标之间欧氏距离的平均值，以毫米为单位。对于给定骨架和帧数的预测矩阵，其误差计算如式(7-14)所示：

$$\text{MPJPE} = \frac{1}{J} \sum_{i=1}^{J} \left\| P_{t,i} - P_i^{gt} \right\|_2 \tag{7-14}$$

P-MPJPE(Protocol #2)是对关节点估计结果进行刚性变换对齐后的 MPJPE，其更侧重于衡量所估计姿态与真实姿态的误差和两者之间的相似度。$P_{t,i}$ 和 P_i^{gt} 分别是第 t 帧中第 t 个关节点的估计位置和真实 3D 关节点位置。

7.4.3　消融实验分析

本章通过消融实验验证所提出网络各模块对网络整体性能的影响，所有消融实验都在 Human3.6M 数据集上执行，其中将本章提出的算法作为基准方法，分别去掉 7.3 节中设计的三个部分进行对比分析。

(1) 骨骼约束池化方法对网络性能的影响。为了验证所设计的骨架约束池化对 3D HPE 性能的影响，本章设置了三组实验进行对比分析，其中，第一组采用平均池化，第二组采用最大池化，第三组采用本章所设计的骨骼约束池化进行模型构建。如表 7-1 所示，与平均池化方法和最大池化方法相比，本章所提出的池化方法以最低的 MPJEP 实现了最佳性能。这是因为本章所设计的骨架约束池化方法在将节点下采样到较低尺度并将它们传递到较高尺度时考虑了节点的结构特征，提高了所提出模型的特征表示能力。

表 7-1　不同池化方法对比

实验序号	池化方法	MPJPE/mm
1	平均池化	46.25
2	最大池化	46.13
3	骨骼约束池化	41.51

(2) 空间注意力和时间注意力对网络性能的影响。本章通过执行四种不同的组合来分析空间注意力和时间注意力对 3D HPE 性能的影响：①模型同时使用空间注意力模块和时间注意力模块；②去掉时间注意力模块，仅在模型中使用空间注意力模块；③在模型中仅使用时间注意力模块，并舍弃空间注意力模块；④模型中去掉空间注意力模块和时间注意力模块。表 7-2 所示的实验结果表明，同时使用空间注意力模块和时间注意力模块的第 1 组实验获得最佳结果。这是因为空间注意力模块可以捕获帧内不同关节点之间的空间位置关系，时间注意力模块可以捕获帧间相同关节点之间在时间序列上的位置关系，这些关系特征都能提高模型对人体姿态的估计能力。

表 7-2　注意力模块消融分析

实验序号	空间注意力	时间注意力	MPJPE/mm
1	√	√	41.51
2	√	—	46.49
3	—	√	46.23
4	—	—	46.88

(3) 多尺度特征融合模块对网络性能的影响。为了更好地探索多尺度特征表示如何影响 3D HPE 性能，本章通过采用不同尺度的特征进行消融实验。除了本章算法中提出的三个尺度，模型还引入了两个额外的尺度：$S = 4$ (四肢和躯干)和 $S = 5$ (上身和下身)。如表 7-3 所示，第 3 组使用 17、11、7 三个尺度特征的 MPJEP 可以达到 41.51mm；第 2 组仅仅使用两个尺度特征的模型获得 41.97mm 的 MPJEP，其比第 1 组只使用一个尺度特征的 47.00mm 具有更好的性能。但是，当四个尺度和五个尺度特征融合在一起时，引入了更抽象的尺度特征，其 MPJEP 值反而增加，这是因为多尺度的引入造成特征的冗余，从而损害了模型的性能。

表 7-3　不同尺度选择对比

实验序号	尺度	节点数 J					MPJPE/mm
		17	11	7	5	2	
1	1	√	—	—	—	—	47.00
2	1,2	√	√	—	—	—	41.97
3	1,2,3	√	√	√	—	—	41.51
4	1,3,5	√	—	√	√	—	46.42
5	1,2,4	√	√	—	√	—	47.08
6	1,2,3,4	√	√	√	√	—	46.80
7	1,2,3,5	√	√	√	—	√	48.38
8	1,2,3,4,5	√	√	√	√	√	46.53

7.4.4　与主流算法对比分析

为了验证本章算法的性能，将本章所设计的算法与一些主流 3D HPE 算法进行对比分析，其实验结果如表 7-4 和表 7-5 所示。表 7-4 和表 7-5 中的数据分别代表网络在测试数据集上所有 15 个动作的 MPJPE 和 P-MPJPE，最后一列是所有测试动作的 MPJPE 平均值，加粗的数据为该列最优数据。可以得出，本章算法在 Human 3.6M protocol #1 的平均 MPJPE 为 44.0mm，在 Human3.6M 数据集上的整体性能优于其他主流算法，在相同的 T 时，本章算法在 15 个动作中具有相对较小的误差，表现出较好的性能。这是因为本章所设计的网络模型通过引入时空注意力特征提取模型，可以很好地提取帧内全局特征和帧间局部特征的互补特征。此外，网络中的骨架约束池化层和反池化层可以有效合并模型中不同尺度和深度的特征，这有利于网络有效地整合浅层的完整骨架全局特征和深层的部分关节局部特征，从而进一步提高了本章网络模型的特征表示能力，进一步验证了消融研究中网络模型不同组成模块对网络性能影响的有效性。

表 7-4 与主流算法在 Human3.6M Protocol #1 下的对比 (单位: mm)

算法对应文献或算法	Dir	Disc	Eat	Greet	Phone	Photo	Pose	Purch	Sit	SitD	Smoke	Wait	WalkD	Walk	WalkT	Avg.
Martinez 等[118] (T=1)	51.8	56.2	58.1	59.0	69.5	78.4	55.2	58.1	74.0	94.6	62.3	59.1	65.1	49.5	52.4	62.9
Fang 等[119] (T=1)	50.1	54.3	57.0	57.1	66.6	73.3	53.4	55.7	72.8	88.6	60.3	57.7	62.7	47.5	50.6	60.5
Xu 等[120] (T=64)	45.2	49.9	47.5	50.9	54.9	66.1	48.5	46.3	59.7	71.5	51.4	48.6	53.9	39.9	44.1	51.9
Hossain 等[121] (T=1)	48.4	50.7	57.2	55.2	63.1	72.6	53.0	51.7	66.1	80.9	59.0	57.3	62.4	46.6	49.6	58.3
Pavllo 等[122] (T=243)	45.2	46.7	43.3	45.6	48.1	55.1	44.6	44.3	57.3	65.8	47.1	44.0	49.0	32.8	33.9	46.3
Zou 等[123] (T=1)	45.4	49.2	45.7	49.4	50.4	58.2	47.9	46.0	57.5	63.0	49.7	46.6	52.2	38.9	40.8	49.4
Cai 等[124] (T=7)	44.6	47.4	45.6	48.8	50.8	59.0	47.2	43.9	57.9	61.9	49.7	46.6	51.3	37.1	39.4	48.7
Liu 等[125] (T=243)	45.5	48.4	43.9	48.3	49.3	57.6	45.0	45.8	57.3	61.4	49.3	45.3	49.6	33.7	33.4	47.6
Yeh 等[126] (T=243)	44.8	46.1	43.3	46.4	49.0	55.2	44.6	44.0	58.3	62.7	47.1	43.9	48.6	32.7	33.3	46.7
Lin 等[127] (T=50)	42.5	44.8	42.6	44.2	48.5	57.1	52.6	41.4	56.5	64.5	47.4	43.0	48.1	33.0	35.1	46.8
Wang 等[128] (T=96)	41.4	43.9	44.0	42.2	48.0	57.1	42.2	43.2	57.3	61.3	47.0	43.5	47.0	32.6	31.8	45.5
Zheng 等[116] (T=27)	—	—	—	—	—	—	—	—	—	—	—	—	—	—	—	47.0
Zheng 等[116] (T=81)	41.5	44.8	39.8	42.5	46.5	51.6	42.1	42.0	53.3	60.7	45.5	43.3	46.1	31.8	32.2	44.2
Lin 等[129] (T=1)	—	—	—	—	—	—	—	—	—	—	—	—	—	—	—	54.0
Li 等[130] (T=27)	—	—	—	—	—	—	—	—	—	—	—	—	—	—	—	46.9

续表

算法对应文献 或算法	Dir	Disc	Eat	Greet	Phone	Photo	Pose	Purch	Sit	SitD	Smoke	Wait	WalkD	Walk	WalkT	Avg.
Li 等[130] (T=351)	40.3	43.3	40.2	42.3	45.6	52.3	41.8	40.5	55.9	60.6	44.2	43.0	44.2	30.0	30.2	43.6
本章算法 (T=27)	41.8	45.2	43.5	43.4	46.9	53.0	43.0	41.4	56.2	65.7	46.2	42.9	46.5	33.0	34.1	45.5
本章算法 (T=243)	40.9	43.8	41.2	42.5	44.5	51.6	41.3	40.8	55.2	62.1	44.8	41.9	44.8	31.5	32.8	44.0

注：Dir(Directions)-动向；Disc(Discussion)-讨论；Eat(Eating)-吃东西；Greet(Greeting)-问候；Phone(Talking on the phone)-打电话；Photo(Taking photo)-拍照；Pose(Posing)-摆姿势；Purch(Making purchases)-购物；Sit(Sitting on chair)-坐在椅子上；SitD(SittingDown)-坐下；Smoke(Smoking)-吸烟；Wait(Waiting)-等待；WalkD(Walking dog)-遛狗；Walk(Walking)-走路；WalkT(Walking together)-一起散步；Avg.(average)-平均值。后文同。

表 7-5　与主流算法在 Human3.6M Protocol #2 下的对比 (单位：mm)

算法对应文献 或算法	Dir	Disc	Eat	Greet	Phone	Photo	Pose	Purch	Sit	SitD	Smoke	Wait	WalkD	Walk	WalkT	Avg.
Martinez 等[118] (T=1)	39.5	43.2	46.4	47.0	51.0	56.0	41.4	40.6	56.5	69.4	49.2	45.0	49.5	38.0	43.1	47.7
Fang 等[119] (T=1)	38.2	41.7	43.7	44.9	48.5	55.3	40.2	38.2	54.5	64.4	47.2	44.3	47.3	36.7	41.7	45.8
Gong 等[131] (T=1)	—	—	—	—	—	—	—	—	—	—	—	—	—	—	—	39.1
Hossain 等[121] (T=1)	35.7	39.3	44.0	43.0	47.2	54.0	38.3	37.5	51.6	61.3	46.5	41.4	47.3	34.2	39.4	44.0
Pavllo 等[122] (T=243)	34.1	36.1	34.4	37.2	36.4	42.2	34.4	33.6	45.0	52.5	37.4	33.8	37.8	25.6	27.3	36.5
Zou 等[123] (T=1)	35.7	38.6	36.3	40.5	39.2	44.5	37.0	35.4	46.4	51.2	40.5	35.6	41.7	30.7	33.9	39.1
Xu 等[120] (T=64)	33.9	37.2	36.8	38.1	43.5	43.5	37.8	35.0	47.2	53.8	40.7	38.3	41.8	30.1	31.4	39.3
Cai 等[124] (T=7)	35.7	37.8	36.9	40.7	45.2	45.2	37.4	34.5	46.9	50.1	40.5	36.1	41.0	29.6	33.2	39.4
Liu 等[125] (T=243)	34.9	37.5	34.9	38.3	37.4	44.0	34.4	34.6	45.1	48.0	49.3	34.8	37.7	26.2	27.1	37.6
Lin 等[127] (T=50)	32.5	35.3	34.3	36.2	43.0	43.0	33.0	32.2	45.7	51.8	38.4	32.8	37.5	25.8	28.9	36.7
Xu 等[132] (T=9)	31.0	34.8	34.7	34.4	43.9	31.6	52.6	33.5	42.3	49.0	37.1	33.0	39.1	26.9	31.9	37.1
Liu 等[133] (T=243)	32.3	35.2	33.3	35.8	41.5	33.2	44.6	32.7	44.6	50.9	37.0	32.4	37.0	25.2	27.2	36.2
Wang 等[128] (T=96)	32.9	35.2	35.6	34.4	42.7	31.2	42.2	32.5	45.6	50.2	37.3	32.8	36.3	26.0	23.9	35.9
Chen 等[134] (T=243)	32.6	35.1	32.8	35.4	40.4	32.4	35.7	32.3	42.7	49.0	36.8	32.4	36.0	24.9	26.5	35.0

续表

算法对应文献 或算法	Dir	Disc	Eat	Greet	Phone	Photo	Pose	Purch	Sit	SitD	Smoke	Wait	WalkD	Walk	WalkT	Avg.
Zheng 等[116] (T=81)	32.5	34.8	32.6	34.6	39.5	32.1	42.1	32.0	42.8	48.5	34.8	32.4	35.3	24.5	26.0	35.0
Li 等[130] (T=351)	32.7	35.5	32.5	35.4	35.9	41.6	33.0	31.9	45.1	50.1	36.3	33.5	35.1	23.9	25.0	35.2
本章算法 (T=27)	31.1	35.0	32.1	34.1	39.2	39.1	31.5	32.2	45.1	49.8	36.2	31.7	36.1	23.2	26.8	34.9
本章算法 (T=243)	30.0	33.6	31.0	32.3	36.9	36.4	30.6	31.2	44.9	48.1	35.8	30.5	35.5	22.8	24.5	33.6

为了进一步说明本章所提出网络模型的有效性，本章挑选了一些比较难的动作关节点进行 MPJPE 指标对比分析，如拍照、打电话、遛狗等动作。以拍照为例，左手腕、右肘这些位置的关节通常变化幅度较大，相应的 MPJPE 指标也会有较大的差异。图 7-4 是在测试集 S11 上以拍照动作为例，进行平均(每)关节位置误差对比分析的结果。由图 7-4 可以看到，本章算法在这些具有挑战性的关节上的误差大多小于对比算法。对于动作变化幅度较大的关节点，需要更多帧间信息来捕捉关节点之间的相关性。这进一步证明了本章所提出网络模型可以有效地进行骨架全局相关性和局部特征编码，验证其有效性。

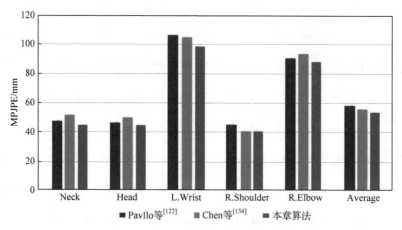

图 7-4　平均动作关节误差对比

Neck-颈部；Head-头部；L.Wrist-左手腕；R. Shoulder-右肩；R.Elbow-右肘部；Average-平均值

7.4.5　可视化结果

为了更直观地描述本章算法姿态估计的效果，图 7-5 展示了本章算法在 Human3.6M 测试集 S9 和 S11 上部分 3D 姿态估计可视化结果和真实的 3D 姿态可视化图。从图 7-5 展示的结果可以看出，本章算法对于遮挡较为严重的动作，如 Walking together(一起散步)、Posing(摆姿势)、Making purchases(购物)、Taking photo(拍照)等动作，依然能准确地估计 3D 姿态。

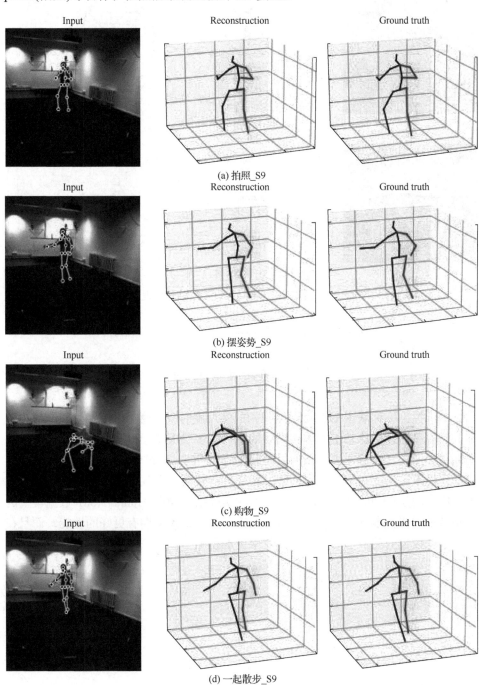

(a) 拍照_S9

(b) 摆姿势_S9

(c) 购物_S9

(d) 一起散步_S9

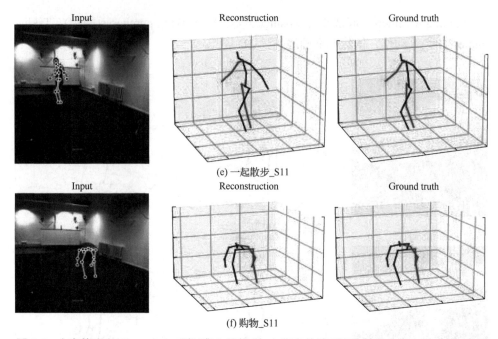

(e) 一起散步_S11

(f) 购物_S11

图 7-5　本章算法在 Human3.6M 测试集上的部分 3D 姿态估计可视化结果和真实的 3D 姿态可视化图

Input-输入；Reconstruction-重构；Ground truth-真值。后文同

7.5　本章小结

　　本章提出一种基于 U-Net 网络架构的多尺度时空注意力 3D 人体姿态估计模型。该模型通过构建基于 U-Net 网络的多尺度多层次特征提取模型，对骨架信息的局部和全局互补特征进行帧内及帧间编码。同时，通过骨架约束池化/反池化层操作，将不同尺度和不同深度网络的特征进行转换，有效地将全局和局部特征进行集成，增强模型的特征表示能力。消融实验结果和在 Human3.6M 数据集上的实验结果表明，本章算法与主流算法相比，不仅整体上拥有更好的性能，而且在运动幅度较大的关节上的姿态估计效果更加精确。

第8章 基于平行多尺度时空图卷积网络的 3D 人体姿态估计

8.1 引 言

三维人体姿态估计(3D HPE)是计算机视觉领域中的一个重要研究方向，该技术在行为分析、异常行为监控、人机交互和智能视频处理等多个领域中展现出巨大的应用潜力。3D HPE 的目的是从图像、视频中估计人体的 3D 关节点坐标。尽管随着深度神经网络的快速发展，基于深度神经网络的 3D 人体姿态估计研究取得了丰硕的成果，但是，由于遮挡、单视角 2D 到 3D 映射中固有的深度模糊性等不确定因素，从单目视频图像中估计 3D 人体姿态仍然是一项具有挑战性的任务。

近年来，基于深度神经网络框架的 3D 人体姿态估计方法主要分为两大主流：①从 RGB 图像直接估计 3D 人体关节点坐标的方法；②基于两阶段的 2D-3D 人体姿态估计方法。前者直接从二维输入图像中回归 3D 人体关节点坐标信息。由于 2D 图像包含丰富的像素信息，此类方法能够直接从图像中捕获目标原始信息，但受图像噪声影响严重且受限于有限的三维标注数据[135]。基于两阶段的 2D-3D 人体姿态估计方法首先从原始图像中检测人体的 2D 关节点，然后进行 2D 到 3D 的投影，从而获得人体的 3D 关节点坐标信息[125]。由于 2D 关节点提供了高度抽象的人体骨架信息，因此，此类方法充分利用二维骨骼数据进行 3D HPE，不仅有利于摆脱图像噪声的干扰，而且受益于动捕设备提供的三维数据进行网络训练。

由于人体骨架的拓扑结构可以自然地建模为图结构，而图卷积网络(graph convolution network, GCN)具有能够直接处理关节点拓扑图的能力，其在基于两阶段的 2D-3D 人体姿态估计研究中得到了广泛关注。基于 GCN 的 2D-3D 人体姿态估计算法将 2D 关节点作为图的节点，将人体关节的自然连接作为图卷积网络的边[124]。尽管基于 GCN 的 2D-3D 人体姿态估计算法取得了较好的 3D 姿态估计结果，但是此类方法仍然存在一定的局限性。首先，由于单视角 2D 到 3D 映射中固有的深度模糊性问题，多个不同的三维姿势可以映射到单个二维骨架，造成 2D 向 3D 推理时的不确定性。其次，大部分基于 GCN 的 2D-3D 人体姿态估计算法采用文献[136]中的图卷积网络进行节点特征提取，其通过在单个尺度上构造节点 1 邻域的依赖关系聚合关节特征，此类构造方法不利于远端关节点局部和全局信息的聚合。由于其接收域限定为 1，一定程度上削弱了网络特征表示的能力，且在 3D 人体姿态估计中涉及 2D 到 3D 特征的映射，其在 2D 关节点估计中微小的误差都将会在三维空间中产生巨大的影响。

研究结果表明，从时间和空间维度对骨架关节点信息进行建模，构建基于 GCN 的时空图卷积网络可以有效捕获关节点序列复杂的空间结构特征和长时动态特性，对于消除 3D HPE 中的遮挡和深度模糊性问题至关重要。然而，现有的算法大多采用空域与时域特征提取串联的框架，此框架将空域和时域信息同等对待，且在卷积过程中具有固定的感受野，无法有效处理空域与时域特征的不均衡问题，限制了判别性特征的提取。因此，如何有效提取骨架关节点序列的时空相关性特征，对于提升 3D HPE 的性能具有重要意义。

在本章中，针对以上问题设计了一种基于平行多尺度时空图卷积网络(PMST-GNet)的三维人体姿态估计算法。首先，对时空图卷积进行改进，设计对角占优的时空注意力图卷积(DDA-STGConv)，构建跨域时空邻接矩阵，从时间和空间维度出发对骨架关节点信息进行基于自约束和注意力机制约束的建模，通过促进关节点之间信息的传递来增强节点的特征表示；其次，根据人体运动中关节点表现的相似运动趋势，设计图拓扑聚合函数，构造不同尺度的图拓扑结构，以 DDA-STGConv 为基本单元构建平行多尺度子网络模块(PM-SubGNet)，有效提取骨架关节点的局部和全局特征信息；最后，为了进一步增强图卷积网络(GCN)的特征表示能力，设计多尺度特征交叉融合模块(MFEB)，促进平行子图网络之间多尺度信息的有效交互与整合。

8.2　时空图卷积网络

GCN 对人体骨架进行建模的核心思想是通过关节点之间的信息传递聚合节点特征，其对于 2D 骨架序列数据而言，构造以关节点为图节点 $V = \{v_{ti} | t = 1, \cdots, T; i = 1, \cdots, N\}$，以人体关节之间的自然连接(空域)和关节在时间维度上的连接(时域)为图边 $E = \{[e_{ij}, e_{ti}] | t = 1, \cdots, T; i, j = 1, \cdots, N\}$ 的时空图 $G = (V, E, A)$。其中，V 表示由连续 T 帧，每帧 N 个关节点坐标构成的图节点集；E 为由帧内及帧间关节点连通构成的图边集，E 由邻接矩阵 $A = (a_{ij})_{M \times M}$ 编码关节点之间的连接关系，若关节点 i 和 j 之间具有物理连接，则 $a_{ij} = 1$，反之，$a_{ij} = 0$。

空域图卷积(spatial-graph convolution，S-GC)通过对同一帧中的关节点进行卷积操作来对不同节点的特征进行聚合。对于任意 t 时刻的图像而言，存在 N 个人体骨架关节点 $V_t = \{v_{ti} | i = 1, \cdots, N\}$，其人体关节点连接形成的骨架空域边为

$E_t = \left\{ e_{ij}\left(v_{ti}, v_{tj}\right) \middle| i,j = 1,\cdots,N \right\}$，则相应的空域图卷积可以表示为

$$x_{v_i}^{(l+1)} = \sigma\left(\sum_{v_j \in N(v_i)} \boldsymbol{w}\left(v_i, v_j\right) x_{v_j}^{(l)} \alpha_{ij}\right), \quad i \in \{1,\cdots,N\}, \quad l \in \{1,\cdots,L\} \quad (8\text{-}1)$$

式中，$x_{v_j}^{(l)}$ 为节点 v_j 在第 l 层的输入特征；$x_{v_i}^{(l+1)}$ 为相应的输出，同时也是第 $l+1$ 层的输入特征；$\boldsymbol{w}(\cdot)$ 为权重向量；$\sigma(\cdot)$ 为激活函数。$N(v_i)$ 为节点 v_i 的采样邻域节点集，表示为

$$N\left(v_i\right) = \left\{ v_j \middle\| d\left(v_i, v_j\right) \leqslant d' \right\} \quad (8\text{-}2)$$

式中，$d\left(v_i, v_j\right)$ 表示两个节点 v_i 和 v_j 之间的最短路径；d' 表示预定义的最大采样距离。大多数现有的 S-GC，设置 $d'=1$，即使用关节点的 1 阶邻域信息进行特征聚合。

对所有的关节点执行式(8-1)中空域图卷积操作，则式(8-1)更新为

$$\boldsymbol{X}_S^{(l+1)} = \sigma\left(\boldsymbol{W}^{(l)} \boldsymbol{X}^{(l)} \boldsymbol{A}_S\right) \quad (8\text{-}3)$$

式中，$\boldsymbol{X}^{(l)} \in \mathbb{R}^{D_l \times N}$ 和 $\boldsymbol{X}_S^{(l+1)} \in \mathbb{R}^{D_{(l+1)} \times N}$ 分别为 S-GC 第 l 层更新前和更新后的特征矩阵，D 为每个节点的特征维度，N 为节点数量；$\boldsymbol{W}^{(l)} \in \mathbb{R}^{D_{(l+1)} \times D_l}$，为相应的权重矩阵；$\boldsymbol{A}_S$ 为空域邻接矩阵。

与空域图卷积类似，时域图卷积(temporal-graph convolution，T-GC)通过在连续帧中对相同节点进行特征加权聚合实现骨架关节点时域信息的提取，其表示为

$$x_{v_{qi}}^{(l+1)} = \sigma\left(\sum_{v_{qi} \in N^T(v_{ti})} w x_{v_{qi}}^{(l)} \alpha_{ti,(t+1)i}\right), \quad i \in \{1,\cdots,N\}, \quad l \in \{1,\cdots,L\} \quad (8\text{-}4)$$

式中，$N^T\left(v_{ti}\right) = \left\{ v_{qi} \middle\| q - t \middle| \leqslant \left\lfloor \dfrac{\Gamma}{2} \right\rfloor \right\}$，为节点 v_i 在连续帧中的采样邻域节点集，其相应的时域图卷积核函数大小为 $\Gamma \times 1$。

同样地，对所有节点执行时域图卷积操作，其相应的时域卷积层可以表示为

$$\boldsymbol{X}_T^{(l+1)} = \sigma\left(\boldsymbol{W} \boldsymbol{X}^{(l)} \boldsymbol{A}_T\right) \quad (8\text{-}5)$$

式中，$\boldsymbol{A}_T$ 编码同一节点在第 t 帧中前向、后向的邻节点连接关系。

8.3　平行多尺度时空图卷积模型

上述空域和时域图卷积在骨架关节点信息提取过程中主要存在如下问题：①在特征加权聚合中，对所有层采用固定的邻接矩阵，将造成节点特征随网络加

深而逐渐被同化的问题，不能充分挖掘图节点之间的差异性；②图卷积操作在空域和时域上仅使用单尺度聚合关节点 1 阶邻域信息，由于其感受野固定为 1，限制了中心节点与远端关节点之间的信息聚合；③现有的时空图卷积通过交替执行 S-GC 和 T-GC 聚合关节点的时空信息，将空域和时域信息同等对待，不能充分挖掘关节点的时空关系，无法有效处理空域与时域特征的不均衡问题，在上下文时空特征提取中存在一定的局限性。针对上述问题，本章设计平行多尺度时空图卷积网络(PMST-GNet)模型，如图 8-1 所示，PMST-GNet 模型通过设计以对角占优的时空注意力图卷积为基本单元的平行多尺度子网络模块(PM-SubGNet)，有效地对骨架关节的时空信息进行建模；同时，设计多尺度特征交叉融合(MFEB)模块，加强不同尺度特征的交互，提高模型性能。

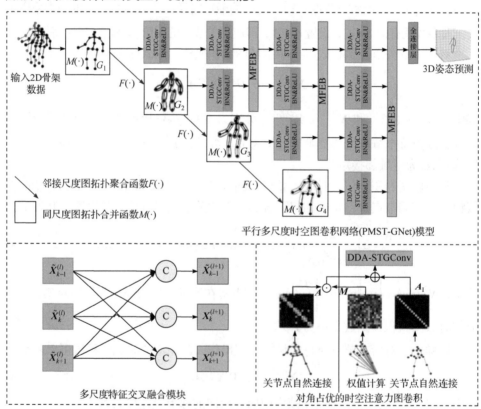

图 8-1   本章提出的平行多尺度时空图卷积网络(PMST-GNet)模型

M-基于注意力计算的权重矩阵；A_1-关节点自然连接矩阵(邻接矩阵)

8.3.1   对角占优的时空注意力图卷积

通过观察分析，在图卷积网络特征更新过程中，邻接矩阵 A 具有重要的作用，如式(8-3)和式(8-5)所示，通过 A 实现特征从 $X^{(l)}$ 到 $X^{(l)}A$ 的更新。但是，传统 GCN

方法基于人体自然骨架结构构造相应的 A (1 表示节点相连，0 表示节点间不存在自然连接)，并且在所有的卷积层中都使用固定不变的 A。这就决定了所设计的网络模型不管使用什么结构，采用多少个卷积层，都保持固定的图拓扑结构，其仅仅实现了从一个图映射到另一个图。但是，对于不同的动作，关节点之间的关系是不同的，这种固定的图拓扑结构将造成节点特征随网络加深而逐渐被同化的问题[137]。此外，虽然时空信息对于解决 3D 人体姿态估计中的遮挡和深度模糊性问题非常重要，但是，如何对骨架中的时空相关信息进行高效建模仍然是一个有待解决的问题。大多数现有的方法将时空信息分解为时域和空域两部分，仅仅通过堆叠执行 S-GC 和 T-GC 达到融合骨架时空信息的目的，然而，当骨架关节点特征通过一系列如 S-GC 和 T-GC 的特征聚合操作后，其不仅忽略了不同帧中关节点之间的相互关系，而且无法有效处理空域与时域特征的不均衡问题，限制了判别性特征的提取。

针对上述问题，本章提出对角占优的时空注意力图卷积(diagonally dominant spatiotemporal attention graph convolution，DDA-STGConv)，从时间和空间维度出发对骨架关节点信息进行基于自约束和注意力机制约束的建模，突出关节点自身对不同姿态的影响，同时，在时空域图卷积中引入注意力机制，自适应地提取不同节点之间的动态关联性，加强中心关节与远端关节的信息交互。此外，本章设计了一个跨域的时空邻接矩阵，其将 T 帧骨架关节点的连接关系进行融合，依靠 2D 卷积操作提取复杂的时空特征，有效地对骨架关节点的时空信息进行建模。在此，令 $X^{(l)} \in \mathbb{R}^{D_l \times N_S}$ 和 $X^{(l+1)} \in \mathbb{R}^{D_{l+1} \times N_S}$ 分别表示图卷积第 l 层的输入和输出，所设计的 DDA-STGConv 表示为

$$X^{(l+1)} = \sigma\left(W^{(l)} X^{(l)}\left(A_{ST} \odot M + X_I\right)\right), \quad l \in [1, \cdots, L]$$

$$A_{ST} = \begin{bmatrix} A_S^1 & A_T^{12} & \cdots & A_T^{1i} & \cdots & A_T^{1T} \\ A_T^{21} & A_S^{22} & \cdots & A_T^{2i} & \cdots & A_T^{2T} \\ \vdots & \vdots & & \vdots & & \vdots \\ A_T^{j1} & A_T^{j2} & \cdots & A_S^{ji} & \cdots & A_T^{jT} \\ \vdots & \vdots & & \vdots & & \vdots \\ A_T^{T1} & A_T^{T2} & \cdots & A_T^{Ti} & \cdots & A_S^{TT} \end{bmatrix}$$

$$M = \mathrm{softmax}\left(\frac{QK^T}{\sqrt{d}}\right) \tag{8-6}$$

式中，A_{ST} 表示由 T 帧骨架关节点构成的时空域邻接矩阵；M 表示基于注意力计算的权重矩阵[138]；$d = D_l$；通过对输入特征 $X^{(l)} \in \mathbb{R}^{N_S \times D_l}$ 进行线性变换获得相应

的 $\boldsymbol{Q} = \boldsymbol{X}\boldsymbol{W}_Q$，　$\boldsymbol{K} = \boldsymbol{X}\boldsymbol{W}_K$，　$\boldsymbol{W}_Q \in \mathbb{R}^{D_l \times D_l}$，　$\boldsymbol{W}_K \in \mathbb{R}^{D \times D}$；　$\boldsymbol{X}_I \in \mathbb{R}^{N_S \times D_l}$，表示单位矩阵；$\odot$ 表示矩阵的哈达玛积。

由式(8-6)可以得出，通过所构造的 $\boldsymbol{A}_{ST}$，式(8-6)将式(8-3)和式(8-5)中分开执行的时域图卷积和空域图卷积整合在一起。其中，$\boldsymbol{A}_{ST}$ 矩阵中主对角线的各元素表示同一帧中不同关节点的自然连接构成的邻接矩阵，称为空域邻接矩阵 $\boldsymbol{A}_S^j\{j=1,\cdots,T\}$；非对角矩阵的各元素表示不同帧中同一关节点在时间维度上连接，称为时域邻接矩阵 $\boldsymbol{A}_T^{ji}\{i,j=1,\cdots,T\}$。从式(8-6)可以看出，DDA-STGConv 不仅依靠 $\boldsymbol{A}_{ST} \odot \boldsymbol{M}$ 自适应地提取不同节点之间的动态关联性，在节点特征聚合中利用注意力机制衡量不同节点对当前节点的作用，而且通过 $\boldsymbol{A}_I$ 突出关节点自身在特征聚合中对不同姿态的影响。

8.3.2　平行多尺度时空图卷积网络

现有的大多数基于 GCN 的 3D HPE 通过顺序堆叠多个图卷积层进行骨骼关节点特征的提取，如文献[122]~[126]，这种单通道串联模型仅仅对节点特征进行从低层到高层的传播，忽略了网络中间层特征在语义信息表征方面的优势，因此，受高分辨率网络(HRNet)的启发[88]，本章设计平行多尺度时空图卷积网络(PMST-GNet)模型。

8.3.2.1　多尺度结构划分

人体运动是由人体部分关节的移动而形成的，从而不同的动作在同一个部件里的关节点具有相似的运动趋势和轨迹。因此，根据人体关节的运动趋势，本章将人体关节点划分为如图 8-2 所示的 4 个尺度，$k=1$ 由 17 个原始关节点构成；$k=2$ 将原始关节按骨架层次性划分为 11 个子部件；$k=3$ 通过将 $k=2$ 尺度的 11 个子部件关节进一步合并，获得由人体左臂、右臂、躯干、左腿和右腿关节组成的 5 个子部件；$k=4$ 在 $k=3$ 尺度的基础上将人体关节划分为由上半身和下半身关节组成的 2 个子部件。

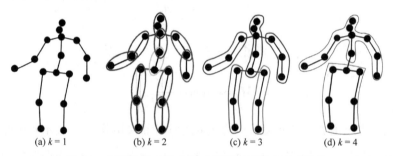

　　(a) $k=1$　　　　(b) $k=2$　　　　(c) $k=3$　　　　(d) $k=4$

图 8-2　根据人体关节点运动趋势划分的多尺度结构

8.3.2.2　平行多尺度时空注意力图卷积模块

根据人体运动中关节点表现的相似运动趋势，本章所设计的平行多尺度时空图卷积网络(PMST-GNet)模型将人体骨架划分为由细到粗的 4 个尺度，通过设计图拓扑聚合函数，构造不同尺度的图拓扑结构，实现不同尺度节点特征的聚合，有效提取骨架关节点局部和全局的特征信息。

(1) 图拓扑聚合函数：对于任意尺度的节点 v_i，以 v_i 为聚合中心，以固定邻域 $N(v_i)$ 为半径对节点进行聚合，使得每个聚类簇中心点代表 $N(v_i)$ 范围内的局部关节点，由此聚类簇构成的子拓扑图结构表示为 $g_k^{v_i} = (V_k^{v_i}, E_k^{v_i})$。

对于尺度 k 中所构成的 N_k 个子拓扑图 $g_1^{v_i} = (V_1^{v_i}, E_1^{v_i})$，$i = 1, \cdots, N_k$，通过定义同尺度图拓扑合并函数 $M(\bullet)$，构造 k 尺度的图拓扑结构：

$$G_k = M\left(\sum^{N_k} g_k^{v_i} \right) = \left(\sum^{N_k} \cup V_k^{v_i}, \sum^{N_k} \cup E_k^i \right) \tag{8-7}$$

对于尺度 k 中的任意两个以 v_i 和 v_j 为聚类中心构成的子拓扑图 $g_k^{v_i} = (V_k^{v_i}, E_k^{v_i})$ 和 $g_k^{v_j} = (V_k^{v_j}, E_k^{v_j})$，定义邻接尺度图拓扑聚合函数 $F(\cdot)$，通过对 k 尺度的子拓扑图进行融合，构造 $k+1$ 尺度的子图拓扑结构：

$$F\left(g_k^{v_i}, g_k^{v_j} \right) = \left(V_k^{v_i} \cup V_k^{v_j}, E_k^{v_i} \cup E_k^{v_j} \right), \quad N(v_i) = 1 \tag{8-8}$$

式中，$N(v_i) = 1$ 表示同一尺度子拓扑图合并的邻域范围。对于以节点 v_i 为中心构成的聚类簇，其对应的节点特征表示为 x_i。在利用式(8-8)进行子拓扑图聚合过程中，对于两个子拓扑图中的重复节点，其节点特征为 $g_k^{v_i}$ 和 $g_k^{v_j}$ 中相应节点特征的平均值。

(2) 平行多尺度子网络模块(PM-SubGNet)：为了更好地提取骨架关节之间的上下文信息，本章构造平行多尺度子网络模块(PM-SubGNet)。如图 8-3 所示，PMST-GNet 由 4 个 PM-SubGNet 构成，每一个子网络由多个 DDA-STGConv 层进行特征提取。在此方法中，初始阶段的子网络利用人体骨架的 $N_k = 17$ 个原始关节点作为聚类簇中心，以半径 $N(v_i) = 0$ 构造以自身节点，自然连接为边的 17 个子拓扑图 $g_1^{v_i} = (V_1^{v_i}, E_1^{v_i})$，$i = 1, \cdots, N_1$，$N_1 = 17$，并依照式(8-7)对这些子拓扑图执行同尺度内的合并，形成尺度 1 的图拓扑结构 G_1。随后，第二阶段的子网络将这些尺度 1 的子拓扑图 $g_1^{v_i} = (V_1^{v_i}, E_1^{v_i})$，$i = 1, \cdots, N_1$ 按照式(8-8)执行邻接尺度图拓扑聚合操作，生成含有 11 个子部件的新拓扑图 $g_2^{v_i} = (V_2^{v_i}, E_2^{v_i})$，$i = 1, \cdots, N_2$，$N_2 = 11$，再次应用式(8-7)，获得尺度 2 的图拓扑结构 G_2。第三阶段的子网络通过将 $k = 2$ 尺度的 11 个子部件的子拓扑图按照式(8-8)进一步合并，获得由人体左臂、右臂、躯干、左腿和右腿关节组成的 5 个子部件的拓扑图 $g_3^{v_i} = (V_3^{v_i}, E_3^{v_i})$，$i = 1, \cdots, N_3$，

$N_3 = 5$，根据式(8-7)，获得尺度 3 的图拓扑结构 G_3。第四阶段的子网络在 $k = 3$ 尺度的基础上按照式(8-8)进行节点聚合，将人体关节划分为由上半身和下半身组成的两个子部件拓扑图 $g_4^{v_i} = (V_4^{v_i}, E_4^{v_i}), i = 1, \cdots, N_4$，$N_4 = 2$，根据式(8-7)，获得尺度 4 的图拓扑结构 G_4。

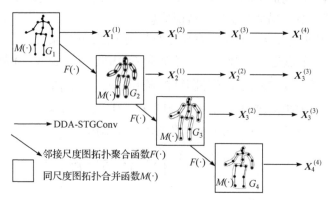

图 8-3　平行多尺度子网络模块(PM-SubGNet)

(3) 单尺度特征提取模块：对于不同尺度的骨架关节，首先根据每一尺度所建立的拓扑图 G_k 构造相应的时空域邻接矩阵 $(A_{ST})_k \in \mathbb{R}^{N_k \times N_k}$，$N_k$ 为尺度 k 的节点个数。然后，利用所设计的 DDA-STGConv 提取相应尺度的时空域特征。对于尺度 k 的第 l 层输入特征 $X_k^{(l)}$，根据式(8-6)，其相应的时空域图卷积可以表示为

$$\tilde{X}_k^{(l+1)} = \sigma\left(W_k^{(l)} X_k^{(l)}\left((A_{ST})_k \odot M_k + A_{I,k}\right)\right) \tag{8-9}$$

式中，$\tilde{X}_k^{(l+1)}$ 表示尺度 k 的第 l 层输入特征 $X_k^{(l)}$ 经过 DDA-STGConv 后的输入。

8.3.2.3　多尺度特征交叉融合模块

为了更好地提取骨架关节之间的上下文信息，本章构造多尺度特征交叉融合(MFEB)模块，将平行多尺度子网络模块中不同尺度的特征进行融合，如图 8-4 所示。对于第 l 层网络而言，$\left\{\tilde{X}_1^{(l+1)}, \tilde{X}_2^{(l+1)}, \cdots, \tilde{X}_k^{(l+1)}\right\}, k \in 1, 2, 3, 4$ 表示平行多尺度子网络中不同尺度的特征，经过 MFEB 模块融合后的特征表示为

$$X_k^{(l+1)} = P\left(\left\{\tilde{X}_k^{(l+1)} : k = 1, 2, 3, 4\right\}\right) \tag{8-10}$$

式中，$P(\cdot)$ 为多尺度特征融合函数，其通常为求和函数或者级联函数。不管是求和函数还是级联函数，在多尺度特征融合中仅仅是对特征进行聚合，没有考虑平行子图网络中多尺度特征之间的信息交互。根据文献[88]，加强不同尺度特征的

交互对于提升网络模型的特征表示能力非常重要,因此,本章对式(8-10)进行如下改进,提出多尺度特征交叉融合模型:

$$X_k^{(l+1)} = \overset{K}{\underset{i=1}{\mathrm{Cat}}}(P(\tilde{X}_i^{(l+1)},k): k=1,\cdots,K) \tag{8-11}$$

$$P(\tilde{X}_i^{(l+1)},k) = \begin{cases} \tilde{X}_i^{(l+1)}, & G_i = (\boldsymbol{V}_i \cup \boldsymbol{V}_k, \boldsymbol{E}_i \cup \boldsymbol{E}_i), & i > k \tag{8-12a} \\ \dfrac{\tilde{X}_i^{(l+1)} + \tilde{X}_k^{(l+1)}}{2}, & G_i = (\boldsymbol{V}_i \cap \boldsymbol{V}_k, \boldsymbol{E}_i \cap \boldsymbol{E}_i), & i < k \tag{8-12b} \end{cases}$$

式中,Cat(·)为级联操作;$P(\tilde{X}_i^{(l+1)},k)$ 为特征尺度转换函数,表示将特征 $\tilde{X}_i^{(l+1)}$ 从尺度 i 转换到尺度 k。如图 8-4 所示,不同尺度的特征经过转换后,将获得的多尺度特征进行级联操作,然后进行1×1的卷积映射以对特征大小进行调整。在此,当 $i < k$ 时,通过对两个尺度的图拓扑关节点进行如式(8-12b)的合并,并对合并的关节特征求平均值以获得尺度 i 中节点特征转换到尺度 k 中所对应的节点特征;当 $i > k$ 时,根据式(8-12a)合并两个尺度的图拓扑关节点,通过对 i 尺度子图网络中节点特征进行复制,获得对应 k 尺度子图网络中相应的节点特征。

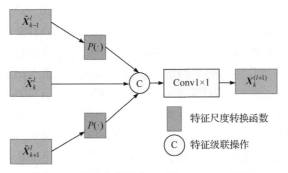

图 8-4 多尺度特征交叉融合(MFEB) 模块

8.4 整体网络结构

如图 8-1 所示,本章所提出的平行多尺度时空图卷积网络(PMST-GNet)模型,主要由以对角占优的时空注意力图卷积(DDA-STGConv)为基本单元的平行多尺度子网络模块(PM-SubGNet)和多尺度特征交叉融合(MFEB)模块两部分堆叠组成。首先,将输入的 2D 骨架关节信息进行预处理操作,然后根据所设计的图拓扑聚合函数,计算不同尺度的图拓扑结构,以此构造平行多尺度子网络模块。第 1 阶段的子网络模型由 4 个 DDA-STGConv 层组成,每层包含归一化(BN)层和 ReLU 层,第 2、3、4 阶段分别由 3、2、1 个 DDA-STGConv 层组成,每层包含

BN 层和 ReLU 层。每个 DDA-STGConv 层后跟随 1 个 MFEB 模块，实现多尺度的交叉融合。最后使用第 1 阶段的高分辨率特征进行 3D 关节点回归，附加 1×1 全连接层，调整输出维度，进而预测 3D 关节点位置。在此，使用 ℓ_2 函数作为网络训练中的损失函数，测量预测的 3D 关节点位置与真实位置之间的误差。

8.5　实验结果与性能分析

为了测试本章所提出网络在 3D 人体姿态估计中的性能，选用两个主流的 3D 数据集——Human 3.6M [117]和 MPI-INF-3DHP[132]对所提出的网络性能进行分析。首先，为了验证本章网络中各模块对网络性能的影响，在 Human3.6M 数据集上进行详细的消融实验。然后，将本章算法与其他主流的 3D 姿态估计算法进行比较分析。

8.5.1　数据集与评价指标

在 3D 姿态估计中，Human3.6M 数据集[117]是目前最大、使用最广泛的室内数据集之一，包含由 11 个对象涉及 15 个日常动作(如走路、打招呼、拍照等)组成的 360 万帧视频图像。该数据集分为训练集 S1、S5、S6、S7、S8 和测试集 S9、S11 两部分，其评价指标主要采用平均(每)关节位置误差(MPJPE)和普氏分析的平均(每)关节位置误差(P-MPJPE)。MPJPE(Protocol #1)是计算所有关节点的估计坐标与真实坐标之间的欧氏距离的平均值，单位为 mm，侧重于衡量误差结果的绝对性。P-MPJPE(Protocol #2)是对关节点估计的结果进行刚性变换对齐后的 MPJPE，更侧重于衡量所估计姿态与真实姿态的误差和两者之间的相似度。

MPI-INF-3DHP[132]数据集是一个更大规模的同时包含室内及室外场景的数据集，其包含使用 14 个摄像头拍摄的 8 人涉及 8 个主题的 130 万帧视频图像。该数据集的评价指标一般采用 MPJPE，正确估计 3D 关节点的比例(percentage of correct 3D keypoints，3D PCK)和曲线下的面积 (area under curve，AUC)，其中，3D PCK 衡量 3D 关节点的正确率，若估计的关节点坐标与真实坐标之间的欧氏距离小于预定阈值(通常阈值设置为 150mm)，则认为估计的关节结果是正确的。AUC 为受试者工作特征曲线(receiver operating characteristic curve，ROC)与坐标轴围成的面积。其中，ROC 是在二分类方式(分界值或决定阈)下，以真阳性率为纵坐标，假阳性率为横坐标绘制的曲线。

8.5.2　实验设置

本章实验在 Ubuntu 16.04，NVIDIA RTX 2080Ti GPU 上用 Python 3.7 在 PyTorch 平台上运行。实验过程中，网络使用批尺寸(batch size)为 256 的数据训练模型，训练 120 代，采用 Adam 对模型进行优化，其初始学习率设置为 0.001，收

缩因子为 0.95，遗忘因子为 0.05。为了与其他主流算法进行公平对比，本章按照
文献[117]、[139]、[137]、[122]、[125]的方法，采用级联金字塔网络(cascaded pyramid
network，CPN)[87]对 Human3.6M 数据集进行 2D 姿态估计，并将其作为网络的输
入进行 3D 姿态估计；同时，遵循文献[116]、[122]、[127]、[134]、[140]的方法，
以 MPI-INF-3DHP 数据集的 2D 姿态真实值作为网络的输入。

8.5.3　实验结果分析

8.5.3.1　消融实验分析

本章通过消融实验验证所提出网络各模块对网络整体性能的影响，所有消融
实验都在 Human3.6M 数据集上执行，采用 CPN 作为 2D 姿态估计检测的检测器，
并使用 MPJPE 作为性能评价指标。

(1) 各模块性能分析。

为了分析网络各组成模块对网络性能的影响，本章将 PMST-GNet 的每一部
分从整体框架中剥离出来，通过与未使用各模块的算法进行对比实验，分析其对
3D 姿态估计效果的影响。如表 8-1 所示，使用 vanilla GCN，即文献[136]中提出
的原始 GCN 代替 DDA-STGConv 作为骨干网络的构成单元，其 MPJPE 为
92.5mm。从表 8-1 中可以看出，用本章所设计的 DDA-STGConv 为基本单元构建
骨干网络，其 MPJPE 降低到 47.7mm，验证了 DDA-STGConv 卷积操作性能优于
原始的 GCN 卷积，这证明了从时间和空间维度出发对骨架关节点信息进行基于
自约束和注意力机制约束的建模可以提升模型特征表示的能力，从而增强网络的
性能。在此基础上，进一步添加 MFEB 模块，实现了平行子图网络之间多尺度信
息的交互，挖掘骨架关节之间的上下文信息，MPJPE 降低到 41.6mm，这一结果
验证了加强不同尺度特征的交互有利于提升网络模型特征的表示能力。如表 8-1
所示，通过添加更多的模块到骨干网络中，本章所提出网络模型的性能得到稳步
提高，这进一步验证了本章网络设计的合理性。

表 8-1　网络各组成模块性能分析

模型	MPJPE/mm
模型 1 (vanilla GCN)	92.5
模型 2 (DDA-STGConv)	47.7
模型 3 (DDA-STGConv + MFEB)	41.6

(2) 对角占优的时空注意力图卷积(DDA-STGConv)对网络模型性能影响分析。

为了分析本章所设计的 DDA-STGConv 对网络模型性能的影响，如表 8-2 所
示，使用 vanilla GCN 中的原始 GCN 代替 DDA-STGConv，其 PMST-GNet 模型

中所有层使用固定的邻接矩阵 A 进行节点特征的聚合，其 MPJPE 为 60.4mm。在此基础上，本章构造时空域邻接矩阵 A_{ST}，将连续 T 帧关节的连接关系融合到一个邻接矩阵中，依靠 2D 卷积提取相应的时空特征，其所构造的模型 2 获得 49.1mm 的 MPJPE，相比模型 1，MPJPE 下降了 11.3mm。在模型 2 的基础上，进一步对 A_{ST} 进行改进，基于注意力机制自适应提取不同节点之间的动态关联性，在节点特征聚合中利用所计算的权重矩阵 M 衡量不同节点对当前节点的作用，其 MPJPE 下降到 46.5mm。此外，由于不同的动作姿态划分主要依赖于关节点自身，如"拍手""打电话"等动作主要是由上肢胳膊位置关节点决定的，因此，关节点自身在特征聚合中具有重要的作用。为了验证关节点自身对特征聚合的影响，模型 4 仅以 A_1 为邻接矩阵进行节点特征聚合，其获得 52.3mm 的 MPJPE。本章将模型 3 和模型 4 进行融合获得模型 5，其不仅依靠 $A_{ST} \odot M$ 自适应地提取不同节点之间的动态关联性，而且通过 A_1 突出关节点自身在特征聚合中的作用，增强节点间的信息交互，有效地对骨架关节的时空信息进行建模。

表 8-2　时空注意力图卷积对网络模型性能的影响

模型	MPJPE/mm
模型 1(vanilla GCN)	60.4
模型 2 (A_{ST})	49.1
模型 3 ($A_{ST} \odot M$)	46.5
模型 4 (A_1)	52.3
模型 5 ($A_{ST} \odot M + A_1$)	41.6

(3) 平行多尺度子网络模块(PM-SubGNet)对网络性能的影响分析。

表 8-3 给出了平行多尺度子网络模块对网络性能的影响结果，表 8-3 中各模型根据人体运动中关节点表现的相似运动趋势进行多尺度划分，通过图拓扑聚合函数构造平行多尺度子网络模块(PM-SubGNet)，然后通过多尺度特征交叉融合(MFEB)模块进行多尺度特征的融合。因此，去除 PMST-GNet 模型中的所有多尺度特征交叉融合模块，仅以 $k = 1$ 尺度的关节点构造图拓扑结构 G_1，通过 DDA-STGConv 提取节点特征信息，所构造的模型仅包含 $k = 1$ 尺度的特征信息，其获得的 MPJPE 为 47.78mm。在此基础上，逐步引入 $k = 2$ 及 $k = 3$ 关节点构造的图拓扑结构，同样通过 DDA-STGConv 提取节点特征信息，并利用 MFEB 模块对多尺度特征进行融合，相应的网络模型分别表示为模型 2 和模型 3，从表 8-3 可以看出，模型 3 的 MPJPE 值优于模型 1 和模型 2，达到了 41.91mm。显然，组合两个尺度的特征模型比仅采用一个尺度的特征模型具有更好的性能，这是因为 $k = 1$

尺度缺乏对不同距离邻域节点特征的描述。通过对多尺度特征进行融合，能对不同距离的邻域节点特征进行细粒度的刻画，有助于网络性能的提升。在模型 3 的基础上，继续添加 $k=4$(左臂、右臂、左腿、左腿和躯干)和 $k=5$(上半身和下半身)的关节信息，由如表 8-3 所示的实验结果可知，当将 $k=4$ 和 $k=5$ 尺度的关节点引入网络中时，其 MPJPE 降低的幅度小于引入 $k=2$ 和 $k=3$ 尺度的关节点信息。这是因为，关节点的运动更多地受具有物理连接关系关节的影响，即 $k=1$、$k=2$ 和 $k=3$ 尺度的邻域关节点对运动的影响远大于 $k=4$ 和 $k=5$ 尺度的邻域关节点。

表 8-3　平行多尺度子网络模块对网络性能的影响

模型	关节点数目 J					MPJPE/mm
	17	11	7	5	2	
模型 1($k=1$)	√	—	—	—	—	47.78
模型 2($k=1,2$)	√	√	—	—	—	46.63
模型 3($k=1,2,3$)	√	√	√	—	—	41.91
模型 4($k=1,2,3,4$)	√	√	√	√	—	41.66
模型 5($k=1,2,3,4,5$)	√	√	√	√	√	41.62

8.5.3.2　主流算法对比分析

(1) Human3.6M 数据集上的实验结果分析。

为了进一步验证本章所提出网络模型的有效性，将所提出的算法与近年来主流的 3D 姿态估计算法在 Human3.6M 测试集上进行对比。表 8-4 给出了本章算法与其他 15 种主流算法在 Human3.6M 测试集上基于 Protocol #1 和 Protocol #2 评价指标的对比结果。如表 8-4 所示，在输入数目 $T=81$ 的情况下，本章算法在 Protocol #1 下的平均 MPJPE 为 41.6mm，在 Protocol #2 下的平均 P-MPJPE 为 31.2mm，其性能优于具有相同接受域的大多数主流算法。与基于时空 GCN 的算法相比，如文献[124]采用 vanilla GConv，文献[139]采用 SemGConv 分别对 3D 人体姿态估计中的关节点进行图卷积操作，本章所设计的网络获得更小的 MPJPE 值(41.6mm 与 48.8mm[124]，41.6mm 与 60.8mm[139])。尽管文献[139]和[124]中的模型根据人体骨架的结构信息设计了特殊的约束条件以满足 3D 人体姿态估计，但其性能仍低于本章算法。将本章算法与其他具有特殊结构的基于时空 GCN 的 3D 人体姿态估计算法进行比较，如文献[128]中提出的 UGCN、文献[140]中构造的 HGN、文献[137]中设计的 HPGCN 和文献[120]中设计的 GraphSH 网络，本章算法展示出较好的性能，进一步验证了本章网络设计的合理性。在本章所提出的 PMST-GNet 中，其通过设计 DDA-STGConv 卷积层，从时间和空间维度出发对骨架关节点信息进行基于自约束和注意力机制约束的建模，增强节点间的信息交互，有效地对骨架关节的时空信息进行建模。在人体姿态估计和运动分析中，以 DDA-STGConv 为基本单元，通过精心设计的图拓扑聚合函数，本章能够构建出多种尺度的图拓扑结构。这些不同尺度的图拓扑结构组成平行多尺度子网络模块，它们的作用是聚合不同尺度的节点特征。通过这种方式，网络能够有效地提取骨架关节点的局部和全局特征信息，从而更全面地理解人体运动的复杂性和多样性。为了增强网络的特征表示能力，设计并引入了多尺度特征交叉融合(MFEB)模块。该模块的主要功能是促进平行子图网络间多尺度信息的有效交互。因此，如表 8-4 所示，本章所设计的网络表现出较好的 3D 姿态估计性能。

表 8-4　在 Human3.6M 测试集上基于 Protocol #1 和 Protocol #2 评价指标的对比结果(单位：mm)

算法 (Protocol #1)	Dir	Disc	Eat	Greet	Phone	Photo	Pose	Purch	Sit	SitD	Smoke	Wait	WalkD	Walk	WalkT	Avg.
SHPE[118]	51.8	56.2	58.1	59.0	69.5	78.4	51.2	58.1	74.0	94.5	62.3	59.1	61.1	49.4	52.4	62.9
UGCN[128]	41.3	43.9	44.0	42.2	48.0	57.1	42.2	43.2	57.3	61.3	47.0	43.5	47.0	32.6	31.8	45.6
SemGConv[139]	48.2	60.8	51.8	64.0	64.6	53.6	51.1	67.4	88.7	57.7	73.2	61.6	48.9	64.8	51.9	60.8
HOGCM[141]	49.0	54.5	52.3	53.6	59.2	71.6	49.6	49.8	66.0	71.5	51.1	53.8	58.5	40.9	41.4	51.6
HPGCN[137]	50.6	57.3	50.1	56.0	59.3	68.4	53.8	54.3	61.3	69.1	56.6	54.5	63.2	50.5	46.2	57.3
WGCN[142]	46.3	52.2	47.3	50.7	51.5	67.1	49.2	46.0	60.4	71.1	51.1	50.1	54.5	40.3	43.7	52.4
GraphSH[120]	41.2	49.9	47.5	50.9	54.9	66.1	48.5	46.3	51.9	71.5	51.4	48.6	53.9	39.9	44.1	51.9
HGN[140]	47.8	52.5	47.7	50.5	53.9	60.7	49.5	49.4	60.0	66.3	51.8	48.8	51.2	40.5	42.6	51.8
vanilla GConv[124]	44.6	47.4	41.6	48.8	50.8	59.0	47.2	43.9	57.9	61.9	49.7	46.6	51.3	37.1	39.4	48.8
LSGCN[143]	43.1	50.4	43.9	41.3	46.1	57.0	46.3	47.6	56.3	61.5	47.7	47.4	53.5	31.4	37.3	47.9
VideoPose 3D[122]	41.2	46.7	43.3	41.6	48.1	51.1	44.6	44.3	57.3	61.8	47.1	44.0	49.0	32.8	33.9	46.8
WSGA[144]	41.1	44.2	44.9	41.9	46.5	39.3	41.6	54.8	73.2	46.2	48.7	42.1	31.8	46.6	38.5	46.3
GAST-Net[125]	44.3	44.8	41.9	41.2	47.4	54.7	43.6	43.1	56.9	61.0	47.6	43.5	47.1	31.6	34.5	46.1
本章算法	41.2	41.5	42.1	44.6	47.3	57.2	42.5	43.5	57.1	63.1	46.3	44.1	41.6	31.2	32.1	41.6
算法 (Protocol #2)	Dir	Disc	Eat	Greet	Phone	Photo	Pose	Purch	Sit	SitD	Smoke	Wait	WalkD	Walk	WalkT	Avg.
SHPE[118]	39.5	43.2	46.4	47.0	51.0	56.0	41.4	40.6	56.5	69.4	49.2	41.0	49.5	38.0	43.1	47.7
HOGCM[141]	38.6	42.8	41.8	43.4	44.6	52.9	37.5	38.6	53.3	60.0	44.4	40.9	46.9	32.2	37.9	43.7
HPGCN[137]	37.5	41.1	38.2	42.2	40.9	46.9	39.0	37.9	48.6	53.1	42.1	38.3	44.3	37.7	32.9	41.6
WGCN[142]	31.9	40.0	38.0	41.5	42.5	51.4	37.8	36.0	48.6	56.6	41.8	38.3	42.7	31.7	36.2	41.2
GraphSH[120]	33.9	37.2	36.8	38.1	43.5	43.5	37.8	31.0	47.2	53.8	40.7	38.3	41.8	30.1	31.4	39.0
HGN[140]	31.8	39.7	36.3	40.6	40.2	41.9	36.8	31.8	47.3	53.7	40.7	36.4	43.1	29.8	32.8	39.6
vanilla GConv[124]	31.7	37.8	36.9	40.7	39.6	41.2	37.4	34.5	46.9	50.1	40.5	36.1	41.0	29.6	33.2	39.0
VideoPose 3D[122]	34.1	36.1	34.4	37.2	36.4	42.2	34.4	33.6	41.0	52.5	37.4	33.8	37.8	21.6	27.3	36.5
WSGA[144]	36.9	39.3	40.5	41.2	42.0	34.9	38.0	51.2	67.5	42.1	42.5	37.5	30.6	40.2	34.2	41.6
GAST-Net[125]	33.2	31.9	34.1	37.3	37.1	42.3	33.3	32.4	41.7	48.5	40.1	33.3	36.5	32.0	29.1	36.7
本章算法	31.1	34.8	33.6	34.8	37.2	42.5	33.1	33.7	44.5	49.9	31.9	31.8	31.9	23.7	21.9	31.2

为了进一步评估本章所提出算法处理较难动作姿态估计的能力，图 8-5 对比了本章算法与其他 6 种主流的人体姿态估计算法在 Human3.6M 测试集上的 MPJPE 分布情况。以 55mm MPJPE 值为阈值，如果姿态估计的误差大于此阈值，将会造成精度的损失。从图 8-5 可以看出，本章算法的高误差比例较小，其中，本章算法姿态估计的 MPJPE 大多分布在 40～55mm，小于 40mm 的 MPJPE 比例高于相应的对比算法，如 ESTGCN[124]、SGCN[139]、CAST-Net[125]、GraphSH[120] 和 HGN[140]。这一结果进一步证明本章算法能够较好地处理较难动作的姿态估计，表明本章所提出的网络模型在 3D 姿态估计上具有良好的性能。

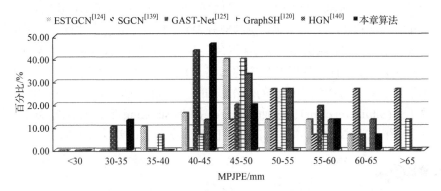

图 8-5　Human3.6M 测试集上的 MPJPE 分布情况

(2) MPI-INF-3DHP 数据集上的实验结果分析。

为了进一步评估本章所提出网络的性能，将所提出算法与 5 种主流的人体姿态估计算法在 MPI-INF-3DHP 数据集上进行对比。采用 PCK、AUC 和 MPJPE 作为评估指标，并将 2D 关节点的真实值作为输入，结果如表 8-5 所示，本章算法获得 88.9 % 的 PCK、56.6 % 的 AUC 和 73.2mm 的 MPJPE。虽然本章所提出的网络模型仅在 Human3.6M 数据集上进行训练，并没有在 MPI-INF-3DHP 数据集上进行重新训练或微调，但与其他对比算法相比，其仍然在三个评估指标中取得了较好的结果。这些结果说明本章所提出的模型对于训练数据中没有出现过的动作依然具有较好的预测效果，进一步证明本章所设计的网络具有良好的泛化能力，在多个场景中具有良好的性能。

表 8-5　在 MPI-INF-3DHP 数据集上的对比结果

算法或算法对应文献	PCK ↑/%	AUC ↑/%	MPJPE ↓/mm
Mehta 等[146]($T = 1$)	71.7	39.3	117.6
Chen 等[134]($T = 243$)	87.8	53.8	79.1
Pavllo 等[122]($T = 243$)	81.5	51.5	84.8
Lin 等[127]($T = 25$)	83.6	51.4	79.8

续表

算法或算法对应文献	PCK ↑ /%	AUC ↑ /%	MPJPE ↓ /mm
Mehta 等[146]($T=1$)	81.2	46.1	99.7
Zheng 等[116]($T=81$)	88.6	56.4	77.1
本章算法($T=81$)	88.9	56.6	73.2

8.5.4　可视化结果

为了更直观地描述本章算法姿态估计的效果，图 8-6 展示了本章算法在 Human 3.6M 测试集 S9 和 S11 上与主流算法的部分 3D 姿态估计可视化结果。图 8-6 中第一列为来自 S9 和 S11 测试集的 RGB 图片，各对比算法(VideoPose、GAST-Net)、本章算法 3D 姿态估计结果以及相应的真实 3D 姿态。从图 8-6 展示的结果可以看出，本章算法对于遮挡较为严重的动作，如坐下(SittingDown)、摆姿势(Posing)、坐在椅子上(Sitting on chair)、吃饭(Eating)、抽烟(Smoking)等，依然能准确地估计 3D 姿态，图中圆圈标记了本章算法与对比算法姿态估计差异较大的位置。

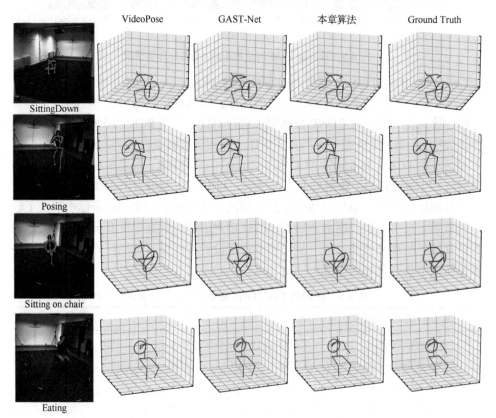

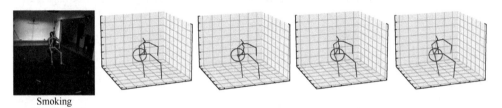

Smoking

图 8-6　本章算法与对比算法在 Human3.6M 测试集上的部分 3D 姿态估计可视化结果

8.6　本 章 小 结

本章介绍了一种新颖的三维人体姿态估计算法，该算法基于平行多尺度时空图卷积网络(PMST-GNet)模型，通过多尺度时空信息提取来准确估计人体姿态。PMST-GNet 模型构造了一个以 DDA-STGConv 为基本单元的平行多尺度网络，通过构造跨域邻接矩阵同时捕捉空域和时域的动态判别特征，利用注意力机制探索节点之间的关联关系，增强节点间的信息交互。此外，为了有效提取骨架关节点的局部和全局特征信息，本章设计了特定的拓扑聚合函数，并基于这些函数构造了具有不同拓扑结构的平行多尺度子网络模块。这些模块能够聚合来自不同尺度的节点特征，从而实现对人体姿态更全面的理解和估计。同时，设计多尺度特征交叉融合(MFEB)模块，加强平行网络间多尺度信息的交互，增强网络模型特征表示的能力。在两大人体姿态估计数据集上与目前主流的算法进行对比，实验结果表明所提出的网络模型获得较好的姿态估计结果。PMST-GNet 模型的灵活性可为行为识别、运动预测及场景理解等领域的工作提供技术支持。

第四篇

舞蹈姿态估计与对比分析

第9章 基于2D姿态估计的舞蹈动作相似度计算

9.1 引 言

2023年12月，教育部印发《关于全面实施学校美育浸润行动的通知》(以下简称《通知》)，《通知》要求进一步加强学校美育工作，强化学校美育的育人功能，构建完善艺术学科与其他学科协同推进的美育课程体系。舞蹈作为美育的重要载体，其不仅能够提升文化素养，还能够提升认识和领悟美的品位。舞蹈作为一门特殊的学科，与其他学科存在明显的区别。一般的学科遵循教师讲学生听的教学模式来达到学习目的，但是舞蹈是用肢体来表现的，教师需要使用不同的教学方式和手段对学习者动作标准程度进行判断[147]。

随着科技与文化深度融合的开展，计算机视觉技术在舞蹈教学中的应用具有巨大的潜力[148]。在传统的舞蹈教学中，判断舞者动作是否标准是学习者面临的一个主要问题。学习者通常只能依靠自身的主观感觉和教师的评价对自己的动作是否标准进行判断[149]。传统舞蹈课堂人数较多，存在一对多的授课方式，教师无法做到对每一位学习者进行实时指导。此外，教师对学习者动作是否标准的判断多依赖于主观评价，学习者由于缺乏经验，很难依靠自己的主观感觉做出正确的判断。因此，在传统舞蹈教学中，虽然有统一的舞蹈动作标准，但对学习者舞蹈动作是否标准的判断主要依赖于主观评价，缺乏可量化的客观评价方式。综上所述，传统的教学模式已不能满足当前舞蹈教学的需求，应用信息技术探索新的教学方法是亟待解决的一个问题，将为舞蹈教学的改革提供无限的可能。

因此，对于传统舞蹈教学而言，迫切需要一种能够辅助舞蹈教学，用于专业舞蹈者动作纠正，实现舞蹈自助教学的系统。随着深度神经网络的发展，近年来提出了很多基于深度神经网络的人体姿态估计方法，主要包括自上而下(top-down)的人体姿态估计方法，如CPN、Hourglass、SimpleBaselines、HRNet等；自下而上(bottom-up)的人体姿态估计方法，如OpenPose、DeepCut、HigherHRNet。但是，针对舞蹈动作姿态估计的研究较少，并且多为舞蹈动作识别，如文献[150]使用泽尼克(Zernike)矩描述图像的形状信息，结合支持向量机(support vector machine, SVM)识别舞蹈者的动作；文献[151]先采用PAFs方法识别人体关节点信息，再利用长短时记忆网络(long short term memory network, LSTM)对信息进行分类，以达到识别舞蹈动作的目的；文献[152]通过对图像预处理后进行建模分析来识别舞蹈动作。这些方法仅仅是识别出学习者的舞蹈动作而已，并未对其动作是否标准进行判断，更不能为学习者提供动作姿态改进的建议。

为了解决传统民族舞蹈动作学习中的问题，本章提出了一种基于姿态估计的传统民族舞蹈动作相似度计算方法。该方法能够对学习者的动作进行实时的定性与定量分析，从而准确判断动作的标准程度，并且向学习者提供实时反馈和建议，指导他们调整动作姿态，提升舞蹈学习效果。首先，本章将不同舞蹈动作看作由人体关节特征点在空间中位置改变而产生的姿态变化。其次，通过二维图像上的关节特征点推理出四肢在三维空间中的前后位置信息，在此设计基于三维空间关节点偏移角度变化的舞蹈动作阶梯型相似度计算方法，该方法先通过舞者关节点定位对关节点坐标位置进行两次修正，然后根据关节点坐标位置修正结果，计算关节点空间前后偏移角度和关节点二维角度变化，获得最终的关节点三维空间偏移量。再次，依据关节点三维空间偏移量设计舞蹈动作阶梯型相似度计算方法，计算学习者姿态与标准姿态之间的差异，对学习者舞蹈动作是否标准进行判断。最后，根据阶梯型相似度计算结果，对标准动作进行姿态还原，提出最终的动作纠正意见，实现舞蹈者动作的实时对比分析与反馈。

9.2　基于阶梯型相似度计算的 2D 舞蹈动作对比

基于人体关节点提取的舞蹈动作相似度计算方法主要包括以下四个步骤：①关节点定位。首先，提取标准图像和目标图像中的舞蹈者关节点位置信息，然后将两幅图片上的动作进行标准化之后，对其坐标进行转换，将其叠加到同一个坐标系中。②偏移角度计算。计算标准化之后各个关节点的方向和长度差异，推理计算目标图像关节点在三维空间中与标准动作的角度差异。③舞蹈动作阶梯型相似度计算。通过②中计算出学习者舞蹈动作与标准动作各个关节点之间的偏移角度之后，根据计算结果设计动作相似度定量指标，计算舞蹈动作与标准动作各个关节点的相似度。④姿态叠加。通过③计算出舞蹈者各个关节的相似度分数后，选取分数最低的关节，将标准动作图像中对应的关节位置信息再次进行坐标修正，通过坐标变换将动作不标准的关节位置所对应的标准动作还原到目标图像中，获得相应的动作纠正建议。本章算法的流程如图 9-1 所示。

9.2.1　关节点定位

由于不同的人之间存在身高差异，拍照时也会有镜头距离不同等问题，因此标准姿态和学习者姿态的尺度不同，本章在姿态对比前会基于标准姿态的尺度对学习者姿态进行标准化。

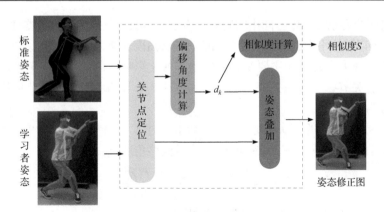

图 9-1　本章算法的流程图

d_k-偏移角度

本章基于 2D 姿态估计，输入的姿态中共有 17 个关节点，首先根据关节点中活动范围相对较小的关节点来定位差异关节点位置并确定放缩比例，提升后文的相似度计算精度。

首先以学习者姿态中的左肩关节点作为基准位置，然后以标准姿态中所有关节点相对位置保持不变为前提，将其叠加到学习者姿态中，使两个姿态的左肩关节点重合，作为第一次坐标修正。第一次坐标修正后标准姿态中关节点 p_j^2 的坐标表示为

$$p_j^2 = p_j^2 + p_j^1 - p_5^2 \tag{9-1}$$

式中，p 的上标代表姿态编号，1 为学习者姿态，2 为标准姿态；j 代表关节点编号；下标 5 代表左肩关节点的编号。

在定位之后，还需要进行尺度修正。以四个活动范围较小的左、右肩关节点和左、右髋关节点为基准，用两个姿态间的肩宽与髋宽之和的比例作为标准化的缩放系数，对标准姿态中的各个关节做等比例缩放，并对相应关节点坐标进行第二次修正，获得标准化处理后的关节点 p_j^2，表示为

$$k = \frac{d\left(p_5^1, p_6^1\right) + d\left(p_{11}^1, p_{12}^1\right)}{d\left(p_5^2, p_6^2\right) + d\left(p_{11}^2, p_{12}^2\right)} \tag{9-2}$$

$$p_j^2 = f\left(p_j^2\right) + k\left[p_j^2 - f\left(p_j^2\right)\right] \tag{9-3}$$

式中，下标 6、11、12 分别代表右肩、左髋、右髋关节点的编号；$f(\cdot)$ 代表与该关节点相连的关节点；k 代表缩放系数；$d(\cdot)$ 代表计算欧几里得距离。

9.2.2　偏移角度计算

当人体肢体进行前后摆动时，关节在二维图像上的投影长度会发生变化，因此为

了推理出两个姿态在三维空间中的差异，本章先以肢体长度变化为依据计算前后偏移角度，再以肢体平面旋转角度变化和前后偏移角度变化为依据计算整体偏移角度。

由于人体大多数动作主要受到四肢动作变化影响，因此本章仅考虑左右肩关节、左右肘关节、左右髋关节、左右膝关节这 8 个与四肢有关的关节偏移角度，分别编号为 1～8。

经过 9.2.1 小节的两次坐标修正后，计算上述 8 个关节的偏移角度。首先利用肢体长度信息计算肢体在三维空间中的前后偏移角度 φ_k，即

$$\varphi_k = \frac{180°}{\pi} \arccos \frac{d(p_k^2, f(p_k^2))}{d(p_k^1, f(p_k^1))} \tag{9-4}$$

式中，下标 k 代表关节编号；p_k 代表关节对应的中心点。

计算关节在二维平面上的旋转角度 θ_k，即

$$\boldsymbol{a}_k^1 = f_1(p_k^1) - p_k^1$$

$$\boldsymbol{b}_k^1 = f_2(p_k^1) - p_k^1 \tag{9-5}$$

$$\theta_k = \frac{180°}{\pi} \Big[\pi + \arctan\big(\tan\langle \boldsymbol{a}_k^1, \boldsymbol{b}_k^1 \rangle\big) \Big]$$

式中，$f_1(\cdot)$ 和 $f_2(\cdot)$ 分别代表与该关节点相连的两个关节点。

综合三维前后偏移角度 φ_k 和二维旋转角度 θ_k，计算三维空间内各关节的整体偏移角度 $d_k \in (0°,180°)$，即

$$d_k = \frac{180°}{\pi} \arccos\left(1 - \frac{\sin^2 \varphi_k + \sin^2 \theta_k}{2} \right) \tag{9-6}$$

9.2.3 相似度计算与姿态叠加

依据 9.2.2 小节计算出的两个姿态间各个关节的整体偏移角度 d_k，本章设计一个姿态相似度定量指标，用于计算两个姿态间各个关节的相似度 S_k。在专业舞蹈老师的指导下，提出一个阶梯型姿态相似度计算方法，如式(9-7)所示，当关节整体偏移角度小于等于 5°且大于等于 0°时相似度 S_k 为 1；当关节整体偏移角度在 5°～30°时，相似度 S_k 呈现线性下降趋势，其值从 1 至 0.6 线性下降；当关节整体偏移角度超过 30°时，相似度 S_k 继续线性下降，其值从 0.6 至 0 线性下降。

$$S_k = \begin{cases} 1, & 0 \leqslant d_k \leqslant 5 \\ 0.6 + 0.4 \times \dfrac{30 - d_k}{25}, & 5 < d_k \leqslant 30 \\ 0.6 - 0.6 \times \dfrac{d_k - 30}{150}, & 30 < d_k \leqslant 180 \end{cases} \tag{9-7}$$

根据式(9-7)计算所定义 8 个主要肢体关节点的相似度 S_k，然后根据各个关节点的相似度计算结果，获得整体学习者姿态的总体相似度 S：

$$S = \frac{1}{8}\sum_{k=1}^{8} S_k \tag{9-8}$$

最后，根据最终相似度的计算结果，当总体相似度为 1 时，认为学习者姿态是标准的。若学习者姿态不标准，则按照相似度最低的关节给出最终的姿态修正意见。

在计算出学习者姿态各个关节的相似度后，选取相似度最低的关节，将标准姿态的关节位置以学习者姿态中对应关节的位置为基准再次进行坐标修正：

$$\begin{cases} p_j^2 = p_j^2 + f_1\left(p_j^1\right) - f_1\left(p_j^2\right) \\ f_2\left(p_j^2\right) = f_2\left(p_j^2\right) + f_1\left(p_j^1\right) - f_1\left(p_j^2\right) \\ f_1\left(p_j^2\right) = f_1\left(p_j^1\right) \end{cases} \tag{9-9}$$

通过坐标修正，最终将标准姿态中的对应关节叠加到学习者姿态中，给出姿态修正图，使舞蹈学习者可以自行按照姿态修正图中的建议修正自己的动作，提高舞蹈学习的效果。

9.3　实验结果与性能分析

9.3.1　实验数据与环境

本章在自建数据集上对算法进行实验验证，首先邀请舞蹈学院教师拍摄了一系列舞蹈的标准动作图片，以这些图片为基准构建标准姿态数据集，然后针对数据集中的每一组动作，采集学生的学习者姿态。本章实验涉及 277 组舞蹈动作，涵括 5 类具有特色的民族舞蹈，分别为蒙古族舞蹈、藏族舞蹈、傣族舞蹈、汉族舞蹈与维吾尔族舞蹈。实验在 Windows 10 平台的 Python 2.1.6 版本上进行。

9.3.2　基于 2D 姿态估计的实验结果与分析

目前对学习者的舞蹈姿态是否标准的判断主要依靠经验丰富的专业舞者的主观评价，影响因素太多，缺乏一个可量化的客观评价方式。因此，本章提出一种基于姿态估计的舞蹈动作相似度计算算法，对学习者的舞蹈姿态是否标准进行定量计算。为了验证算法的有效性，本章采用专业舞者主观评价和所提出算法的定量客观评价两种方式对学习者舞蹈姿态是否标准进行评估。

9.3.2.1　专业舞蹈教师主观评价

表 9-1 为基于 2D 姿态估计的姿态相似度计算算法与专业舞者主观判断相符的比率，实验测试数据根据舞蹈学习者视角分为三组：正面、背面和侧面。

表 9-1 基于 2D 姿态估计的姿态相似度计算算法与专业舞者主观判断相符的比率

视角	样本数	正确数	正确率/%
正面	192	175	91.15
背面	53	47	88.68
侧面	32	25	78.13

共 277 组舞蹈数据，以专业舞者动作作为标准姿态，学习者舞蹈动作作为学习者姿态，部分实验结果如表 9-2 所示。

表 9-2 部分实验结果

| 组别 | (a) 标准姿态 | (b) 学习者姿态 | (c) 标准姿态估计 | (d) 学习者姿态估计 | (e) 姿态纠正 |

组别	(a) 标准姿态	(b) 学习者姿态	(c) 标准姿态估计	(d) 学习者姿态估计	(e) 姿态纠正
第5组					
第6组					
第7组					
第8组					

对学习者动作是否标准，基于 2D 姿态估计的动作相似度计算算法与主观判断一致的有 247 组，总体正确率为 89.17%；正面、背面和侧面的正确率分别为 91.15%、88.68% 和 78.13%。在主客观评价过程中，对于处于侧面视角的学习者，由于视角变化及自身遮挡，很难对二维图像中的肢体及关节点进行准确定位，且算法推理出的关节点深度信息并不精确，从而造成判断正确率下降。

9.3.2.2　基于 2D 姿态估计的动作对比定量评价

根据本章所提出算法进行舞蹈动作姿态对比与姿态纠正建议的部分实验结果如表 9-2 和表 9-3 所示。表 9-2 中，(c)列为(a)列中标准姿态的 2D 关节点可视化图；(d)列为(b)列中学习者姿态的 2D 关节点可视化图；(e)列为本章基于 2D 姿态估计的姿态相似度计算算法给出的姿态纠正建议。表 9-3 为基于 2D 姿态估计的姿态相似度计算结果和姿态纠正建议。

表 9-3　基于 2D 姿态估计的姿态相似度计算结果与姿态纠正建议

组别	总体相似度	姿态纠正建议
第 1 组	0.7606	改进左肘姿态
第 2 组	0.9208	改进右髋姿态
第 3 组	0.7517	改进左肘姿态
第 4 组	0.8450	改进左膝姿态
第 5 组	0.8875	改进左肘姿态
第 6 组	0.7851	改进右髋姿态
第 7 组	0.7789	改进右肘姿态
第 8 组	0.8753	改进右肘姿态

由表 9-2 中的 8 组舞蹈动作可以看出，本章所选取的舞蹈动作差异较大，涵盖舞蹈中俯、仰、冲、拧、扭、踢等多种舞姿。如表 9-2 中第 1、3 组中标准姿态和学习者姿态在上身倾斜度方面有很大的差异，表 9-2 中(e)列的可视化结果与表 9-3 中的相似度得分和姿态纠正建议一致。第 7 组动作姿态中，舞蹈者动作比较复杂，从表 9-3 相似度得分可以看出，第 7 组的总体相似度较低，这个结果符合人们对越复杂动作越难学的主观印象。同时，对比表 9-2 中(d)列与(c)列的可视化图，可以明显看出学习者姿态与标准姿态的差距，并与表 9-3 中的总体相似度一致，验证了本章提出的基于 2D 姿态估计的舞蹈动作相似度计算定量评价方法与主观判断结果一致，说明了所提出算法的有效性。

9.4　本 章 小 结

本章针对舞蹈学习中缺少客观定量评价方式的问题，提出了一种基于姿态估计的传统民族舞蹈动作相似度计算算法。通过二维图像上的关节点特征推理出四肢在三维空间中的前后位置信息，设计基于三维空间关节点偏移角度变化的舞蹈动作阶梯型相似度计算算法，计算学习者姿态与标准姿态之间的差异，对学习者舞蹈动作是否标准进行判断。根据阶梯型相似度计算结果，对标准动作进行姿态还原，给予学习者实时的反馈和纠正建议，帮助学习者进行实时动作姿态调整。实验结果表明，本章所提算法在实时分析舞蹈者动作是否标准上具有较好的效果，在舞蹈自助教学、专业舞者动作纠正等场景具有一定的应用价值。

第 10 章　基于 3D 姿态估计的舞蹈动作相似度计算

10.1　引　　言

随着人工智能技术的发展，基于计算机视觉技术的目标检测、识别，场景描述和视频内容分析得到突破性的发展，人工智能的加入使动态检测实时更新学生的舞蹈动作变化成为可能。人工智能以动态的视角对待学生接受舞蹈教学的程度，可以实现对师生教学行为的实时数据采集和个性分析。以舞蹈教学为例，尽管计算机技术改变着现代教育的形态，但我国舞蹈教育目前仍处在一种以传统教育为主的状态，除基础理论讲授外，较少运用网络方式进行授课。线上教学虽然打破了传统教学时间和教学空间等条件的约束，促进了教学资源的数字化和丰富化，但对于舞蹈这样的专业课，其课堂质量却大打折扣，学习者早已习惯了传统的教学模式、教学环境，面对新的舞蹈在线课堂，其学习状态容易出现两极分化；教师也无法从全方位的角度看到学生、了解学生，提供个性化指导。此外，舞蹈作为一门特殊的学科，与其他学科存在明显的区别。舞蹈是通过肢体来表现的，教学者进行讲授、示范、纠错，学习者在课堂上听讲、模仿并反复练习。对舞蹈学习效果的评价主要依赖于教师的主观评价和学习者自身的主观判断。一方面，传统舞蹈课堂人数较多，多存在一对多的授课方式，教师无法做到对每一位学习者进行过程性学习分析，并且教师的评价也存在一定的主观性；另一方面，线上学习者由于缺乏经验，很难依靠自己的主观判断对学习效果做出正确的评价。因此，在传统的舞蹈学习中，虽然有统一的舞蹈动作，但对舞蹈学习的评价具有相当大的主观性。传统的教学模式已不能满足当前舞蹈学习的需求，对舞蹈学习亟需一个可量化的客观评价方式，实现学习成果总结性评价到过程性学习分析测评的转变。

此外，随着人机交互技术的不断发展，越来越多的领域对人体动作自动识别有着极高的应用需求。在民族舞蹈领域，舞蹈教师和学生通过舞蹈动作自动识别系统获取舞蹈识别结果，进行舞蹈训练和纠错，逐渐成为当前舞蹈学习的重要途径。当前市场上舞蹈动作捕捉和识别系统多存在识别准确率低、损耗时间长和舞蹈动作节点误差大的问题，导致舞蹈学习者的训练效果得不到有效提升。为丰富舞蹈教学方法，增强学生学习兴趣及学习效果，利用人工智能等现代科学技术的发展为实践舞蹈教学的改革提供新的发展思路，使教学形式更加丰富灵活，具有交互性、可视化特征的现实教学平台已不断投入教学实践中，针对舞蹈这一特殊学科，无论是舞蹈教师的在线课堂，还是舞蹈学习者的线上学习，仅仅通过远程的视频观测，教师很难清晰发现学生的舞蹈动作存在的问题，舞蹈学习者也很难洞察舞蹈动作问题。因此，有效运用信息技术辅助教师及时获取学生的舞蹈教学信息，通过分析学生的动作变化调整教师教学策略，有针对性地开展教学，以提高学生接受知识效率的教学行为是现代教育科学发展趋势。同时，利用人工智能技术与舞蹈学习深度融合的智能教育开展高校舞蹈课程立体教学模式研究，为推动传统舞蹈学习信息化、智能化发展提供理论依据和技术支撑。

针对上述问题，第 9 章虽然已经提出基于 2D 姿态估计的相似度计算方法，并通过定性和定量分析对学习者姿态是否标准进行判断分析，并根据判断结果给予改进建议。但是，在基于 2D 姿态估计的相似度计算方法中，将不同姿态看作由不同位置的人体关节点在空间中的组合，通过分析二维图像中关节点之间的位置信息，对关节点在三维空间中的深度信息进行计算。由于 2D 姿态信息中缺乏深度信息，因此在基于 2D 姿态估计的计算中需要通过肢体的长度和角度对关节点的角度进行推测。这种方法推测出的深度信息只依赖于单个 2D 姿态，存在计算结果不精确的问题，难以对舞蹈动作进行精确的三维重建与分析。针对上述问题，本章提出基于 3D 姿态估计的动作相似度计算方法，利用 3D 姿态估计中已经获得的姿态深度信息，克服对 2D 姿态估计推理关节点深度信息的依赖，降低动作比较过程中的复杂度，提高舞蹈动作相似度计算的精度。

10.2　基于上下文和跨点匹配的动态时间规整的舞蹈动作相似度计算

本章提出一种基于上下文和跨点匹配的动态时间规整(context and cross point matching of dynamic time warping，CCDTW)算法的舞蹈动作相似度评估方法。该方法首先通过 3D 姿态估计方法识别出视频的 3D 关节点序列，其次提取舞蹈动作代表性的特征向量，并使用 CCDTW 算法进行时序对齐，最后通过相似度计算评估学习者的舞蹈动作，并依据评估结果提供具有针对性的纠正意见，辅助学习者进行舞蹈动作调整。该方法的整体流程如图 10-1 所示。

10.2.1　3D 骨骼关节点数据采集

本章采用第 3 篇提出的 3D 姿态估计方法 PMST-GNet 对舞蹈动作视频进行关节点数据采集，获得 $(T,17,3)$ 的骨架序列，其中 T 表示视频的帧数，每帧采集人体 17 个关节点的三个位置坐标 (x,y,z)。图 10-2 和图 10-3 分别展示了所提取的关节

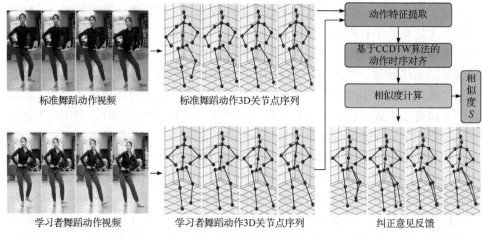

图 10-1　本章算法的整体流程

点信息和空间关节夹角，关节点按次序分别为臀部、右臀部、右膝盖、右脚踝、左臀部、左膝盖、左脚踝、脊柱、胸部、颈部、头部、左肩、左手肘、左手腕、右肩、右手肘以及右手腕。

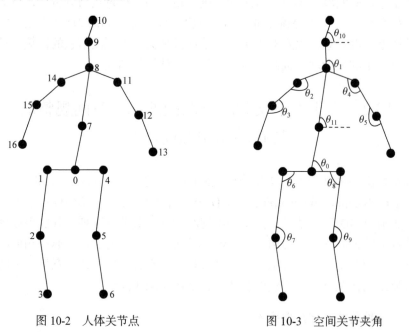

图 10-2　人体关节点　　　　　　　图 10-3　空间关节夹角

10.2.2　舞蹈动作特征提取

由于舞蹈动作视频中人体形态和相机角度的差异，直接使用采集到的骨架序列进行相似度评估会面临计算量大且准确率低的问题，因此，为了提高舞蹈动作评估的准确性，需要提取能够代表整个骨架序列的关键特征，以减小人与人之间的差异。针对舞蹈动作的特点，如动作的幅度较大，涉及多个关节和身体部位，并且具有连续性和节奏性，本小节提取了两种用于描述舞蹈动作的关键特征，即空间关节夹角特征和时序关节速度特征。

10.2.2.1 空间关节夹角特征

在舞蹈动作中，关节夹角提供了身体形态和动作特征的重要信息。这一特征能够量化学习者在不同动作中关节的运动幅度和灵活性。关节夹角的计算基于关节的相对位置，因此，对于同一关节夹角，在完成相同动作时夹角的变化趋势大致相同，但不同动作所形成的角度变化却存在差异。这表明空间关节夹角特征作为舞蹈动作的关键特征能够更准确地匹配和评估舞蹈动作。

如图 10-3 所示，本章选取了 12 个空间关节夹角组合，其相对应的关节点构成如表 10-1 所示。

表 10-1 空间关节夹角组合相对应的关节点构成

夹角	关节点构成	夹角	关节点构成
θ_0	脊柱-臀部-左臀部	θ_6	臀部-右臀部-右膝盖
θ_1	颈部-胸部-左肩	θ_7	右臀部-右膝盖-右脚踝
θ_2	胸部-右肩-右手肘	θ_8	臀部-左臀部-左膝盖
θ_3	右肩-右手肘-右手腕	θ_9	左臀部-左膝盖-左脚踝
θ_4	胸部-左肩-左手肘	θ_{10}	头部-颈部-水平面
θ_5	左肩-左手肘-左手腕	θ_{11}	胸部-脊柱-水平面

以脊柱-臀部-左臀部构成的 θ_0 为例，设当前帧脊柱对应的关节点坐标为 $a = (x_a, y_a, z_a)$，臀部对应的关节点坐标为 $b = (x_b, y_b, z_b)$，左臀部对应的关节点坐标为 $c = (x_c, y_c, z_c)$，$\boldsymbol{m}$ 表示臀部关节到脊柱关节的向量，$\boldsymbol{n}$ 表示臀部关节到左臀部关节的向量，角度 θ_0 的计算过程如式(10-1)～式(10-3)所示：

$$\boldsymbol{m} = a - b = (x_a - x_b, y_a - y_b, z_a - z_b) \tag{10-1}$$

$$\boldsymbol{n} = c - b = (x_c - x_b, y_c - y_b, z_c - z_b) \tag{10-2}$$

$$\theta_0 = \arccos\left(\frac{\boldsymbol{m} \cdot \boldsymbol{n}}{|\boldsymbol{m}||\boldsymbol{n}|}\right) \tag{10-3}$$

特征提取后，空间关节夹角特征向量的动作序列可表示为 $(T, 12)$。

10.2.2.2　时序关节速度特征

时序关节速度特征用于表示关节 $i = (x_i, y_i, z_i)$ $(0 \leqslant i \leqslant 16)$ 的瞬时速度，即第 $t-1$ 帧到第 t 帧对应关节坐标的欧氏距离，关节 i 对应的瞬时速度 v_i^t 的计算如式(10-4)所示：

$$v_i^t = \sqrt{(x_i^t - x_i^{t-1})^2 + (y_i^t - y_i^{t-1})^2 + (z_i^t - z_i^{t-1})^2} \tag{10-4}$$

特征提取后，时序关节速度特征向量的动作序列可表示为 $(T-1, 17)$。

10.2.3　基于 CCDTW 算法的动作时序对齐

在完成同一个舞蹈动作时，不同人甚至同一人的完成时间也会存在一定差异，导致学习者的动作序列与标准动作序列之间存在时序不齐的问题，使得直接使用传统方法，如欧氏距离来计算两个序列之间的相似度变得困难。为了解决这个问题，本章引入动态时间规整(dynamic time warping，DTW)算法，该算法能够对齐不同长度的时间序列并比较它们之间的相似度。

10.2.3.1　DTW 算法

DTW 是一种通过动态规划寻找时间序列之间最佳匹配路径的算法，能够处理在时间维度上的偏移和伸缩问题，图 10-4 展示了 DTW 算法的匹配原理，两条折线分别表示两个序列，序列之间的虚线对齐了两个序列之间相似的对应点。匹配路径距离就是全部相似点之间的欧氏距离之和，在 DTW 算法中被用于衡量两个序列之间的相似度。

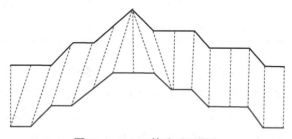

图 10-4　DTW 算法匹配原理

假设有两个长度分别为 m、n 的时间序列 X 和 Y，其中 $X = \{x_1, x_2, \cdots, x_m\}$，$Y = \{y_1, y_2, \cdots, y_n\}$。构造一个 $m \times n$ 的距离矩阵 $\boldsymbol{D}$，其中元素 $d(i, j) = (x_i - y_j)^2$ 表示 x_i 和 y_j 之间的欧氏距离。设 X 和 Y 之间的匹配路径为 W，$W = \{w_1, w_2, \cdots, w_k, \cdots, w_K\}$，$K \in [\max(m, n), m + n - 1)$，$w_k = (i, j)$ 表示 x_i 和 y_j 之间的映射。其中，匹配路径 W 有以下三个约束条件。

(1) 边界性：$w_1 = (1,1)$，$w_K = (m,n)$；

(2) 连续性：设 $w_{k-1} = (i', j')$ 和 $w_k = (i, j)$ 为相邻元素，则需要满足 $i - i' \leqslant 1$ 和 $j - j' \leqslant 1$，即匹配过程中不能跳过两个序列中的任意一点；

(3) 单调性：设 $w_{k-1} = (i', j')$ 和 $w_k = (i, j)$ 为相邻元素，则需要满足 $i - i' \geqslant 0$ 和 $j - j' \geqslant 0$。

在满足匹配路径 W 约束条件的情况下，如图 10-5 所示，DTW 算法通过动态规划寻找对 $d(i, j)$ 累加得到的累加距离最短的路径，其中最短路径 $D(m,n)$ 的计算如式(10-5)所示：

$$D(m,n) = d(m,n) + \min \begin{cases} D(m-1,n-1) \\ D(m,n-1) \\ D(m-1,n) \end{cases} \tag{10-5}$$

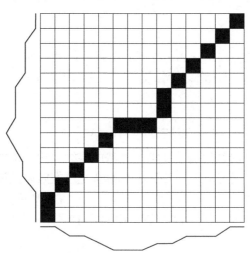

图 10-5　DTW 算法原理

10.2.3.2　CCDTW 算法

舞蹈动作是一个连续的动作序列，其中动作之间存在着紧密的关联性和演变规律。DTW 算法仅根据时间序列中单个点对的距离信息进行匹配，未能充分考虑序列的整体上下文信息，可能导致在匹配过程中将两个不同时间序列中具有相等值的局部峰值和局部低谷进行对齐。此外，DTW 算法在匹配过程中要求不能跳过两个序列中的任意一点。这种约束会造成一个序列中的某个点与另一个序列中的连续多个点进行匹配，从而出现"病态对齐"现象。针对上述问题，本章提出一种基于上下文和跨点匹配的动态时间规整(CCDTW)算法。CCDTW 算法考虑了舞蹈动作序列的整体上下文信息，能更好地在匹配过程中捕获舞蹈动作的趋势变化，同时打破了 DTW 算法的连续性约束条件，引入跨点匹配的概念，以减小"病态对齐"现象出现的可能性。

舞蹈动作是具有强连贯性的动作序列，在匹配过程中需要充分考虑序列的整体上下文信息。为了实现这一目标，CCDTW 算法采取了一阶导数采样的方法，以捕捉序列中动作之间的上下文信息，并将其融入距离矩阵元素 $d(i,j)$ 的计算中。具体而言，对于两个长度分别为 m、n 的时间序列 X 和 Y，首先，使用中心差分法计算序列的一阶导数 X' 和 Y'，其中 X' 的计算如式(10-6)所示。接着，对序列进行采样，获得上下文描述符。设 Z 和 U 分别为对 X' 和 Y' 进行采样后的上下文描述符，采样长度 $L=5$，其中 Z 的计算如式(10-7)所示。最终，结合上下文描述符和原始序列数据计算距离矩阵元素 $d(i,j)$，如式(10-8)所示。

$$x_i' = \begin{cases} \dfrac{(x_i - x_{i-1}) + (x_{i+1} - x_{i-1})/2}{2}, & i = 2, \cdots, m-1 \\ x_i, & i = 1, m \end{cases} \tag{10-6}$$

$$z_i = \begin{cases} [x_{i-2}', x_{i-1}', x_i', x_{i+1}', x_{i+2}'], & i = 3, \cdots, m-2 \\ [x_{i-1}', x_i', x_{i+1}'], & i = 2, m-1 \\ x_i', & i = 1, m \end{cases} \tag{10-7}$$

$$d(i,j) = (x_i - y_j)^2 + (z_i - u_j)^2 \tag{10-8}$$

此外，CCDTW 算法突破了 DTW 算法的连续性约束条件，引入跨点匹配的概念。相对于 DTW 算法而言，CCDTW 算法允许在匹配过程中跳过序列中的某些点，以便更灵活地对齐两个序列。具体而言，CCDTW 算法在最短路径 $D(m,n)$ 的计算上使用式(10-9)取代了 DTW 算法中的式(10-5)。

$$D(m,n) = d(m,n) + \min \begin{cases} D(m-1, n-1) \\ D(m, n-1) \\ D(m-1, n) \\ D(m-2, n-1) \\ D(m-1, n-2) \end{cases} \tag{10-9}$$

综上所述，CCDTW 算法在舞蹈动作的时序对齐方面通过引入上下文描述符和跨点匹配，对 DTW 算法的距离矩阵和最短路径的计算方式进行了改进。这些改进使得 CCDTW 算法能够更准确、更灵活地捕捉舞蹈动作之间的关联性和演变规律，并提供更可靠的对齐结果。

10.2.3.3　时序动作对齐实验

为了比较 CCDTW 算法和 DTW 算法在舞蹈动作对齐上的效果差异，本小节从自建的 InDanceAction 数据集中选择了汉族秧歌、傣族舞和藏族舞这三种舞蹈种类。针对每种舞蹈，选取其中一个具体动作进行实验，选取的具体动作分别为"腿前踢""侧点步"和"阶梯式上升步"。首先，从这些舞蹈动作视频中提取 3D 骨骼关节点序列，并计算空间关节夹角特征。接下来，分别使用 DTW 算法和 CCDTW 算法对空间关节夹角特征向量的动作序列进行对齐。

10.3　实验结果与性能分析

10.3.1　实验数据与环境

本章使用 Kinect V2 设备对 12 名学习舞蹈约 10 年的舞蹈学院学生进行了数据采集，从而构建了 InDanceAction 数据集。该数据集包含 6 种舞蹈，并涵盖 62 种舞蹈动作。为了进行本小节的舞蹈动作相似度评估实验，从每种舞蹈中选择 1 种舞蹈动作，共计 6 种舞蹈动作，这些舞蹈动作分别是"腿前踢""侧点步""阶梯式上升步""撤退步""步深蹲侧点"和"推进手"。针对每种舞蹈动作，选取 10 个视频作为实验数据，因此共有 60 个舞蹈动作视频参与了实验。为了进行评估分析，将每种舞蹈动作中的 1 个视频作为标准动作视频，将剩下的 9 个视频作为学习者动作视频，以确保每种舞蹈动作都有一个标准动作作为参考，同时还能对其他视频进行对齐和评估。实验在 Ubuntu 18.04.1 平台上进行，使用了 Python 3.6.2 版本和 PyTorch 1.10.0 框架。

10.3.2　动作相似度计算与纠正意见反馈

动作评估是对舞蹈动作进行量化评估和比较的过程，其中相似度计算起着重要的作用。通过计算相似度，能够量化标准舞蹈动作与学习者实际执行动作之间的匹配程度。这一比较不仅能反映学习者的动作精准度，还能评估其对舞蹈节奏的把握能力。为了计算标准动作和学习者动作之间的相似度，首先，采集 3D 关节点数据，并从中提取空间关节夹角特征和时序关节速度特征。其次，使用 CCDTW 算法对提取的特征进行时序对齐。最后，利用对齐后的空间关节夹角特征和时序关节速度特征进行相似度计算和分析。

10.3.2.1　空间关节夹角特征相似度

通过对标准舞蹈动作与学习者舞蹈动作中各空间关节夹角的相似度计算，分析两者之间的差异，进一步评估学习者的动作执行水平。在本小节中，采用欧氏距离来计算空间关节夹角的相似度。首先按照式(10-10)计算标准动作关节夹角 $S\theta_i$ 与学习者动作关节夹角 $L\theta_i$ 之间的相似度值 Ang_i，其中 T 为帧数目。然后，累加各个关节夹角的相似度值，并计算其平均值，从而获取整个动作序列的空间关节夹角相似度值 α，如式(10-11)所示。

$$\text{Ang}_i = \frac{1}{1+\left(\sum_{t=1}^{T}(\text{S}\theta_i^t - \text{L}\theta_i^t)^2\right)^{\frac{1}{2}}}, \quad i = 0,1,\cdots,11 \qquad (10\text{-}10)$$

$$\alpha = \frac{\sum_{i=0}^{11}\text{Ang}_i}{12} \qquad (10\text{-}11)$$

10.3.2.2 时序关节速度特征相似度

类似地，可以通过比较标准舞蹈动作和学习者舞蹈动作中各关节的速度相似度来评估学习者的动作流畅性和节奏把握程度。在本小节中，使用欧氏距离来计算时序关节速度的相似度。首先按照式(10-12)计算标准动作关节速度 Sv_i 与学习者动作关节速度 Lv_i 之间的相似度值 Vel_i，其中 T 为帧数目。然后，对各个关节速度的相似度值进行累加，并计算平均值，最终得到整个动作序列的时序关节速度相似度值 β，如式(10-13)所示。

$$\text{Vel}_i = \frac{1}{1+\left(\sum_{t=1}^{T}(\text{Sv}_i^t - \text{Lv}_i^t)^2\right)^{\frac{1}{2}}}, \quad i = 0,1,\cdots,16 \qquad (10\text{-}12)$$

$$\beta = \frac{\sum_{i=0}^{16}\text{Vel}_i}{17} \qquad (10\text{-}13)$$

10.3.2.3 相似度计算和纠正意见反馈

前文得到的空间关节夹角相似度值 α 和时序关节速度相似度值 β 分别反映了学习者在空间层面的动作规范程度和时序层面的动作节奏性，在评估学习者的舞蹈动作时都具有重要意义。为了更全面地评估学习者动作的标准性，在计算综合相似度时，应该赋予这两个相似度相同的权重。综上，综合相似度 S 的计算如式(10-14)所示：

$$S = \frac{1}{2}\alpha + \frac{1}{2}\beta \qquad (10\text{-}14)$$

基于计算得到的各个关节夹角和关节速度的相似度值，根据表 10-2 所示的分类标准将它们划分到相应的身体部位。然后，将各个身体部位对应的相似度值进行总和计算，以确定相似度总和最低的部位。基于这一结果，可以提供相关的纠正意见，帮助学习者纠正此部位的动作表现。

表 10-2　身体部位分类

身体部位	关节夹角	关节速度
头部	θ_{10}、θ_1	v_8、v_9、v_{10}
左臂	θ_4、θ_5	v_{11}、v_{12}、v_{13}
右臂	θ_2、θ_3	v_{14}、v_{15}、v_{16}
躯干	θ_0、θ_{11}	v_0、v_7、v_8
左腿	θ_8、θ_9	v_4、v_5、v_6
右腿	θ_6、θ_7	v_1、v_2、v_3

10.3.3　基于 3D 姿态估计的实验结果与分析

根据所提出的方法，本小节进行了舞蹈动作相似度评估实验。表 10-3 展示了每种舞蹈动作相似度评估的部分实验结果。

表 10-3　舞蹈动作相似度评估的部分实验结果

舞蹈动作名称	关节夹角相似度	关节速度相似度	综合相似度	误差最大部位
腿前踢	0.7653	0.9875	0.8764	右臂
侧点步	0.7348	0.9891	0.8620	左腿
阶梯式上升步	0.6155	0.9737	0.7946	左臂
撤退步	0.6048	0.9940	0.7994	右臂
步深蹲侧点	0.7422	0.9921	0.8672	右腿
推进手	0.8692	0.9952	0.9323	左臂

为了直观地比较标准动作和学习者动作在误差最大部位的差距，将表 10-3 中舞蹈动作的标准动作序列和学习者动作序列在误差最大部位进行叠加，以帮助学习者进一步分析和理解在该部位的改进空间，纠正意见反馈的可视化结果如图 10-6 所示。

参与实验的舞蹈动作视频均采集自学习舞蹈约 10 年的舞蹈学院学生。通过观察表 10-3 和图 10-6 的结果，可以注意到相似度普遍偏高，这是因为参与者都具备较高水平的舞蹈功底，这与实际情况相符合。同时也表明，本章提出的动作评估方法在评估舞蹈动作质量方面是有效的，并能够提供合理的纠正意见。需要强调的是，在所有动作中"阶梯式上升步"和"撤退步"的相似度值较低，这是

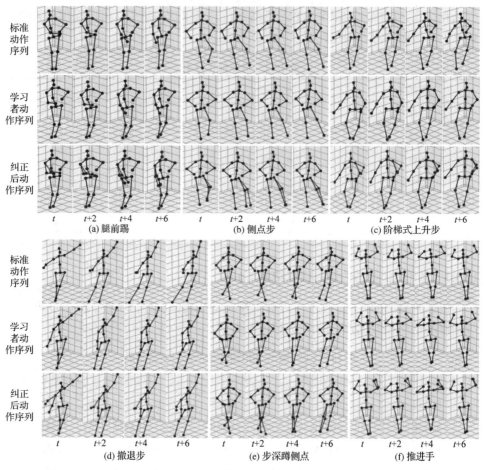

图 10-6　纠正意见反馈的可视化结果

t-t 时刻

因为这两个动作相对其他动作来说涉及手脚的同时运动以及肢体变化较为复杂，在使用 3D 人体姿态估计方法提取关节点时存在一些误差，从而限制了评估结果的准确性。尽管如此，从整体上看，本章提出的舞蹈动作评估方法能够提供较好的评估质量和有意义的纠正意见。

10.4　本章小结

　　针对舞蹈姿态动作是一种立维表现动作，其具有丰富的关节深度信息，而基于 2D 视觉表示的舞蹈动作缺乏深度信息，造成深度模糊性问题，从而带来动作相似度计算误差的问题，本章提出基于 3D 姿态估计的相似度计算方法。该方法首先使用 3D 姿态估计方法识别视频中的 3D 关节点序列；其次，提取舞蹈动作的空间关节夹角和时序关节速度特征向量，并利用 CCDTW 算法对这些序列进行时序对齐。最后，利用相似度计算结果对学习者的舞蹈动作进行评估，并依据评估结果提供修正建议。通过相似度评估结果，学习者可以获得准确的信息来调整自己的舞蹈动作，从而缩小与标准动作之间的差距，并提高自己的舞蹈水平。因此，本章提出的方法能够使舞蹈教学变得更加高效，为学习者提供更好的学习体验和指导。本章的研究成果具有广泛的应用前景和深远的理论意义。首先，能够应用于舞蹈动作纠正和自助舞蹈教学等场景，为舞蹈学习者提供实时反馈和指导，从而提高舞蹈训练的效果。其次，通过将人工智能技术与舞蹈学习深度融合，为智能教育领域提供学生学习行为分析的科学依据，有助于优化教学方法和提高教学效率。最后，还为传统舞蹈课堂教学的信息化和智能化转型提供了理论指导和技术支持。

第五篇

汉字字体自动生成

第 11 章　基于骨架信息的汉字字体生成方法

11.1　引　　言

书法艺术是一种承载在汉字上，表现在笔力、体势和章法上的艺术。我国书法艺术拥有三千多年的历史，在世界艺术史上具有重要的地位，集中体现了我国人民的思维方式和审美情趣[153]。历代书法作品是中华民族文化中最具代表性的标志之一，不仅在内容上记录了历史文化、历史事件、历史环境，而且在书写形式上具有鲜明的历史特色和个人特色，如苏轼的《赤壁赋》、欧阳询的《仲尼梦奠帖》、王羲之的《兰亭集序》。如今传统书法学习的目的不仅是满足个人学习的需要，而且是对我国传统文化的一种传承和发扬。由于传统书法作品多存在于石头、绢丝、竹简或纸张上，经受长期历史沧桑，存在受潮霉变、污渍严重、老化破损、风化等问题，难以保存、流传和发展。传统的书法家字体创作方法主要是通过现代书法家手工绘制字模，然后经过数字化处理存储在计算机中，但是手工创作一整套字体需要大量的时间和人力。

随着科学技术的发展，书法艺术的数字化发展迎来了新机会。目前，典型的汉字字体生成方法可以分为两类：基于笔画提取的方法和基于图像到图像的转换方法。前者将汉字字体生成分为笔画提取和笔画重组两个阶段。然而，由于笔画结构的复杂性和笔迹风格的多样性，笔画提取算法产生不合理的笔画提取结果或错误的笔画结构。后者将汉字字体生成视为一个图像到图像的转换问题，利用卷积神经网络，如生成对抗网络(generative adversarial network，GAN)和图网络，来实现更逼真、更高质量的汉字合成。中文字体生成不是一个简单的容错任务，因此它是一个不受控制和不可预测的过程，任何模糊或重影、伪影都可能导致生成字体的失败、合成字体质量变差。

目前，大多数商业字体的生成集中在专业的字体设计上，这是一项费时费力的工作。出于以下三方面的原因，对普通人来说，具有书法家笔迹字体的生成仍然是一项具有挑战性的任务：①汉字的结构和字体风格复杂，不同的人有不同的笔迹风格和笔画形状。②汉字的词汇量非常大，人们很难用如此庞大的词汇量正确书写出风格一致的汉字。③电子设备上的手写字体是手工操作，主要由专业字体设计师设计。其性能很大程度上依赖于对每个字形的精细调整，复杂而灵活的汉字结构对于普通人来说不可能完美地提取笔画或字形，因此，快速构建适合普通人的个性化汉字手写字体是不可行的。

汉字自动生成越来越受到计算机视觉研究领域的关注。它可以广泛应用于艺术设计领域，如装饰、书法或个性化传播。汉字集数量庞大，设计一个新的完整的我国书法家字体库是一项耗时耗力的任务。此外，汉字具有复杂的字体结构和不同的笔画形状，故而其书写风格具有巨大的差异，进一步加剧了汉字自动生成的难度。

针对上述问题，本章提出一种实时端到端地将任意字体转换为书法家字体的汉字字体自动生成算法。首先，为了降低训练数据采集的难度和工作量，设计一种基于骨架引导迁移网络(skeleton-guided transfer network，STN)的汉字字体生成模型，该模型只需使用少量的笔画样本进行训练。对于其他未学习的汉字特征，可以通过 STN 模块进行合成。为了创建既保留清晰笔画细节结构信息，又具备高度真实感的风格目标字体，本章采用一种分解策略将字体生成过程细化为两个主要网络：字体骨架合成网络(skeleton synthesis network，SSN)和字体风格修正网络(style rendering network，SRN)。其次，为了降低在特征提取过程中可能发生的笔画细节信息损失，并提升笔画特征的表示能力，本章在 SSN 的编码阶段引入膨胀卷积，在解码阶段则运用高效通道注意力机制，这样能有效保留笔画的空间结构信息，进而生成逼真的合成字体骨架。最后，为了从多分辨率的特征中精准选择关键特征，本章设计基于注意力机制的多尺度特征融合模块，并应用于风格修正网络(SRN)中，旨在逐步精细地调整预测字体的笔画或字形，以达到更高的真实感。

11.2　网络架构设计

在本章基于汉字字体骨架的汉字字体生成任务中，每一个书法字体都有相应的字体骨架，在书法中称为用笔。本章所提出的基于字体骨架信息的汉字字体生成算法遵循编码器-解码器网络架构，其以 Pix2Pix 网络[154]为骨干网络，如图 11-1 所示，该网络是一种基于生成对抗网络(GAN)进行图像到图像转换的经典网络模型。该网络模型由两部分组成：生成模型和判别模型。生成模型采用 UNet 结构，判别模型采用 PatchGAN 鉴别器。本章在字体生成任务中采取一种分解策略，将整体的字体生成网络划分为两个独立的子网络：字体骨架合成网络(SSN)和字体风格修正网络(SRN)。在字体骨架合成网络中，网络输入为给定的字体骨架，输出为生成的目标字体骨架。本章在 SSN 中通过引入膨胀卷积来增大卷积的感受野，提取字体丰富的骨架轮廓特征，在整个训练过程中只需要少量的书法字体，通过 SSN 模型对目标字体的风格进行学习，合成对应书法风格的字体。在字体风格修正网络(SRN)模型中，本章利用不同分辨率的多尺度特征对 SSN 模型中生成字体的笔画和字形进行修正。此外，为了在字体笔画修正过程中更好地保留字体特征的上下文细节信息，本章在 SRN 模型中引入一种基于注意力机制的多尺度特征融合模块，实现特征的有效融合，提高字体生成的效果。

11.3　基于端到端骨架引导的字体生成模型

本章提出一种实时端到端的将任意字体转换为书法家字体的汉字字体自动生成算法，如图 11-1 所示，该方法由四部分组成：①数据预处理，构建字体输入对作为字体骨架合成网络的输入；②基于膨胀卷积编码和基于高效通道注意力解码的字体骨架合成网络，用于提取字体的骨架样式风格和连接字体特征表示合成目标字体骨架；③逐级跳跃连接编码器和解码器中相同分辨率的层级特征，然后基于注意力机制多尺度特征融合模型对合成的字体进行修正；④将合成的字体和目标字体输入判别器，构建判别器损失函数，判断生成的字体的真假。

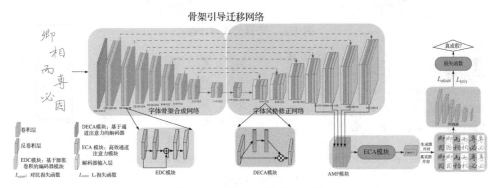

图 11-1　第 11 章算法流程图

11.3.1　数据预处理

由于目前还没有公开的书法字体自动生成数据集，本章通过网络(https://www.fonts.net.cn/fonts-zh/tag-fangzheng-1.html)下载不同的书法家字体构建相应的书法数据集进行模型训练。网络下载的书法家字体图片存在分辨率太小且背景噪声过多的问题，为此，对于任意的书法家字体，如文徵明的小楷、欧阳询的楷体、启功字体等，本章对字体图像进行预处理操作，其预处理流程如图 11-2 所示。首先，将下载的书法图像(字体图片)放大并使用高斯滤波对其进行降噪处理，降噪结果如图 11-3 所示。其次，对书法图像进行裁剪，并利用文献[155]中的方法或者鼠标手动提取的发光法进行字体骨架的提取。由于本章所设计的模型仅需要少量的样本字体进行训练，因此，为了更好地保留字体的笔画结构信息，本章使用鼠标手动提取骨架。再次，将骨架字体统一调整为 256 像素×256 像素的图像，并将书法家字体图像和骨架字体图像进行拼接，构建成对的训练集。最后，如图 11-4 所示，构建一组成对的书法家字体训练集作为目标字体和目标字体骨架轨迹。图 11-4(a)、(b)中，左边是书法家字体，右边是对应的骨架字体。

图 11-2　预处理流程图

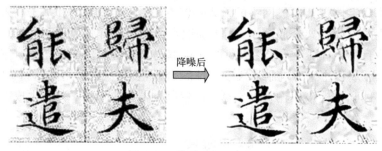

图 11-3　降噪处理对比图

(a) 文徵明字体及其骨架字体数据集　　　　(b) 欧阳询字体及其骨架字体数据集

图 11-4　部分数据集图像

11.3.2　字体骨架合成网络

11.3.2.1　基于膨胀卷积的编码器

针对编码过程中连续的下采样导致字体笔画细节信息丢失的问题，本章在编码过程中引入膨胀卷积，目的在于：①在编码过程中保存字体高分辨率的空间结构特征；②增大卷积感受野，提高特征表示能力。文中字体骨架合成网络所采用的膨胀卷积编码模块结构如图 11-5 所示。为了在特征提取过程中获得较大的字体结构感受野，文中 SSN 编码模块使用 8 次连续的下采样，通过下采样将输入字体骨架图像的空间维数从 256 像素×256 像素逐层减小到 1 像素×1 像素。其中，每个下采样模块由 3 个卷积层、3 个批处理归一化(BN)层和 4×4 的膨胀卷积组成，膨胀率 $r = 2$。如图 11-5 所示，对于任意的下采样模块，其输入特征用 $X[i]$ 表示，

使用膨胀卷积计算空间位置 $[i,j]$ 的输出特征 $X'[i]$，表示为

$$X'[i,j] = \sum_{m=1}^{q}\sum_{n=1}^{q} X[i+r*q, j+r*q]w[m,n] \tag{11-1}$$

式中，$[m,n]$ 为位置索引；$w[m,n]$ 为膨胀卷积核；q 为核的大小；r 为膨胀率。

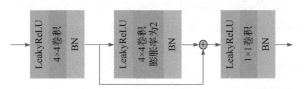

图 11-5　字体骨架合成网络中的膨胀卷积编码模块结构

11.3.2.2　基于高效通道注意力的解码器

虽然在编码和解码过程中不同的通道代表字符笔画不同的特定特征，但是在解码过程中大多数传统方法忽略了相邻区域像素之间的关系，仅仅考虑其局部信息并独立地处理每个空间位置。为此，为了获取不同通道的信息，本章在解码过程中引入高效通道注意力(efficient channel attention, ECA)模块[156]来考虑相邻通道之间的信息交互，旨在改进字体特征表示并保留更多的字体结构细节信息。如图 11-1 所示，基于高效通道注意力的解码器(decoder with efficient channel attention, DECA)模块由 8 个具有注意力限制的连续上采样模块组成。每个上采样模块由 1 个反卷积层、批处理归一化层和跟随在反卷积层之后的线性校正单元组成，然后通过反卷积层获得更高分辨率的特征。骨架合成网络中的高效通道注意力解码器的结构如图 11-6 所示。

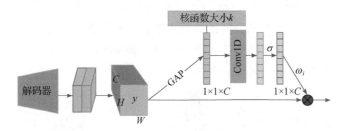

图 11-6　骨架合成网络中的高效通道注意力解码器的结构
H-高度；W-宽度；C-通道数；⊗-逐元素乘操作

本章中 DECA 模块首先使用跳跃连接对编码器和解码器中相同分辨率的特征进行连接，以减少信息损失。其次，将它们进行级联作为 ECA 模块的输入特征 y。在此，每个上采样过程级联的特征首先经过全局平均池化(GAP)，以获得通道信息统计结果。再次，执行一维卷积操作，接着执行 Sigmoid 函数以捕获相邻通

道的交互信息。最后，考虑 k 个相邻通道信息交互的通道注意力特征 y 的权值 ω_i 按照下式计算：

$$\omega_i = \sigma\left(\sum_{j=1}^{k} w^j y_i^j\right) \tag{11-2}$$

式中，$y_i^j \in \Omega_i^k$，Ω_i^k 是特征 y_i 的 k 个相邻通道；$\sigma(\cdot)$ 是 Sigmoid 激活函数。式(11-2) 可以通过一维卷积按照下式高效地计算：

$$\omega = \sigma(\text{Conv1D}_k y) \tag{11-3}$$

式中，Conv1D 表示一维卷积；k 表示卷积核的大小。其中，卷积核的大小 k 可以按照下式自适应地计算：

$$k = \left|\frac{\log_2 C}{\gamma} + \frac{b}{\gamma}\right|_{\text{odd}} \tag{11-4}$$

式中，C 表示通道维数；$|t|_{\text{odd}}$ 表示最接近 t 的奇数；在本章中，$\gamma = 2$，$b = 1$。

11.3.3 字体风格修正网络

在执行字体骨架合成网络之后，字体风格修正网络从不同分辨率获得多尺度特征来预测字体样式。由于不同尺度的特征具有不同的语义和空间值来生成预测字体样式的笔画或字形，因此，本章设计一种基于注意力的多尺度特征融合模块的风格修正网络，以有效地提取全局和局部上下文信息，保留更多字体细节并修正估计结果。图 11-7 为基于注意力的多尺度特征融合模块(AMF)结构示意图。由于多尺度特征含有不同分辨率的特征，本章首先将不同分辨率的特征统一经过双线性插值方式进行上采样至 256 像素×256 像素的分辨率。其次，将所有尺度特征串联成张量，作为多尺度融合特征 $F = \text{conv}([f_0, f_1, f_2, f_3])$。再次，对融合特征 F 执行 ECA，用于对多尺度融合特征捕获跨通道信息，在改进特征生成的同时保留更多的细节信息。最后，在批处理归一化(BN)和 ReLU 激活单元之后执行一维卷积，以降低特征维数，并实现字体风格修正。

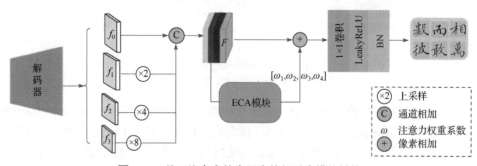

图 11-7　基于注意力的多尺度特征融合模块结构

11.3.4　网络损失函数

本章模型参考骨干网络 Pix2Pix 的损失函数来进行网络训练，即采用对抗损失和 L_1 损失。首先，利用对抗损失驱动网络进行源图像到目标图像的转换，使其能够将源字体骨架图像转换成目标字体图像；其次，采用 L_1 损失抑制生成字体和目标字体之间的差异，以减少模糊和视觉伪影，保证生成字体图像中包含更详细的结构信息。

对抗损失公式如下：

$$L_{\text{cGAN}}(G,D) = E_{x,y}\Big[\log D(x,y)\Big] + E_{x,z}\Big[\log\big(1 - D(x,G(x,z))\big)\Big] \tag{11-5}$$

式中，G 代表生成模型；D 代表判别模型；$E(*)$ 代表分布函数的期望值；z 代表随机噪声；x 代表输入的源字体骨架图像；y 代表目标字体图像。

L_1 损失公式如下：

$$L_{L_1}(G) = E_{x,y,z}\Big[\big\|y - G(x,z)\big\|_1\Big] \tag{11-6}$$

因此，SSN 最终的总体损失函数可以表示为

$$L(G,D) = \lambda_1 L_{\text{cGAN}}(G,D) + \lambda_2 L_{L_1}(G) \tag{11-7}$$

式中，λ_1 和 λ_2 分别为对抗损失和 L_1 损失的权重系数。本章实验中 λ_1 和 λ_2 使用与骨干网络 Pix2Pix 相同的系数，λ_1 为 1，λ_2 为 100。

11.4　实验结果与性能分析

11.4.1　字体生成数据集

由于目前还没有公开的书法字体自动生成数据集，本章从 http://m.yac8.com 网站下载不同的字体来建立书法家字体数据集，分别构建文徵明字体数据集、欧阳询字体数据集和许锷字体数据集。在训练 STN 时，字体生成模块只选择少量字符进行训练，如文徵明字体只选择了 120 个字符进行训练，欧阳询字体选用 170 个字符进行训练。经过数据预处理，每种字体都保存了 256 像素×256 像素分辨率的.png 格式的图像。

11.4.2　参数设置与评价指标

11.4.2.1　参数设置

本章实验仿真硬件条件为 Ubuntu 16.04，2 个 NVIDIA 1080Ti GPU 组成的服务器；软件平台为 Python 语言及 PyTorch 深度网络框架。输入和输出字体图像的

大小均为 256 像素×256 像素×3 像素。SSN 模块中的编码器由 8 个卷积步长为 2 的卷积层、BN 层、ReLU 组成，其卷积层中膨胀卷积的膨胀率为 2。相应的 SSN 模块中的解码器由 8 个卷积步长为 2 的反卷积层、BN 层、ReLU、ECA 组成。网络通过对编码器和解码器中相同尺寸分辨率的特征进行跳跃连接，获得多分辨率特征进行字体转换。网络使用 Adam 优化器来进行模型训练，学习率初始化为 0.0002，衰减率设置为 0.5，损失函数中对抗损失和 L_1 损失的权重系数分别设置为 1 和 100。此外，STN 中的鉴别器使用 PatchGAN。

11.4.2.2 评价指标

本章定量评价指标选用图像质量评价指标中常用的均方误差(mean squared error，MSE)、峰值信噪比(peak signal to noise ratio，PSNR)和结构相似度(structural similarity，SSIM)[157]。

均方误差通过对待测图像和目标图像进行逐像素对比，计算每个像素位置的像素差异来评价图像质量。均方误差的定义为

$$\text{MSE} = \frac{1}{N}\sum_{i=1}^{N}(x_i - y_i)^2 \tag{11-8}$$

式中，N 表示样本数量；x 表示生成图像；y 表示目标图像。当生成图像质量越高，即与目标图像越相似时，MSE 值越小。

峰值信噪比作为一种评价图像的客观标准，是基于对应像素点的误差，即基于误差敏感的图像质量评价。PSNR 值越大，代表失真越少，其定义为

$$\text{PSNR} = 10\lg\left(\frac{(2^n - 1)^2}{\text{MSE}}\right) \tag{11-9}$$

式中，MSE 表示生成图像 x 与目标图像 y 的均方误差；n 表示每像素的比特数，一般取 8，即像素灰度的阶数 256。

由于 MSE 和 PSNR 是计算两幅图像每个像素点的差异，其把图像看作一个个孤立的像素点，没有考虑图像内容的相关特征，仅通过 MSE 值和 PSNR 值不能很好地反映图像质量，因此提出 SSIM 评价方法。SSIM 分别从图像的亮度、对比度和结构三方面计算图像的相似度，其各部分计算公式如下：

$$l(x,y) = \left(2\mu_x\mu_y + C_1\right)\Big/\left(\mu_x{}^2 + \mu_y{}^2 + C_1\right) \tag{11-10}$$

$$c(x,y) = \left(2\sigma_x\sigma_y + C_2\right)\Big/\left(\sigma_x{}^2 + \sigma_y{}^2 + C_2\right) \tag{11-11}$$

$$s(x,y) = \left(2\sigma_{xy} + C_3\right)\Big/\left(\sigma_x\sigma_y + C_3\right) \tag{11-12}$$

式中，$l(x,y)$、$c(x,y)$ 和 $s(x,y)$ 分别表示亮度、对比度和结构的计算值；μ_x 和 μ_y 分别为生成图像 x 和目标图像 y 的均值；σ_x 和 σ_y 分别为生成图像 x 和目标图像 y 的标准差；σ_{xy} 为生成图像 x 和目标图像 y 的协方差；为了避免分母出现 0 的情况，引入三个常量 C_1、C_2 和 C_3，通常情况下，三个常量分别为 $(0.01×225)^2$、$(0.03×225)^2$ 和 $(0.03×225)^2/2$。因此，SSIM 的总体计算公式为

$$\text{SSIM} = l(x,y) \cdot c(x,y) \cdot s(x,y) = \frac{\left(2\mu_x\mu_y + C_1\right)\left(2\sigma_{xy} + C_2\right)}{\left(\mu_x^2 + \mu_y^2 + C_1\right)\left(\sigma_x^2 + \sigma_y^2 + C_2\right)} \tag{11-13}$$

式中，SSIM 取值范围为 0～1，SSIM 值越大，表示生成图像与目标图像相差越小，即生成图像质量越高。

11.4.3　消融实验分析

为了更好地对本章设计的网络架构进行分析，揭示网络各组成部分的性能，本章将构成算法的每一部分分别从整体算法中剥离出来，分别为膨胀卷积(dilated convolution，DC)模块、ECA 模块和 AMF 模块三部分。通过将本章算法与未使用各个模块的算法进行对比实验来分析各部分对字体生成的影响。消融实验分别在三种书法家字体生成效果上进行，其相应的实验结果如图 11-8 所示，其中，图 11-8(a) 为消融实验在欧阳询楷体字体上的实验结果，图 11-8(b)和(c)分别为消融实验在文徵明小楷和许锷小楷字体上的实验结果。

(1) 膨胀卷积(DC)模块。为了验证字体骨架合成网络中本章在编码阶段引入的膨胀卷积模型对字体生成的影响，在此设计 DC 模块剥离与添加对实验结果的影响。图 11-8(a)、(b)和(c)分别给出了添加 DC 模块的字体生成视觉结果和定量分析结果。在此，本章以 Pix2Pix 为基准网络，其中，图 11-8(a)、(b)和(c)的第二行为基准算法 baseline 的字体生成视觉结果及定量分析结果。在 baseline 的基础上添加 DC 模块(baseline+DC)，其实验结果如图 11-8(a)、(b)和(c)的第三行所示。与 baseline 算法相比，添加 DC 模块的 baseline+DC 方法生成的字体显示出更好的细节。这表明，膨胀卷积能够有效地学习更详细的笔画空间结构信息，有利于合成高质量的目标骨架特征。

(2) 高效通道注意力(ECA)模块。高效通道注意力是本章 STN 模型解码器的组成部分之一。为了有效地评估其对字体生成效果的影响，本章设计在解码过程中使用 ECA 模块和不使用 ECA 模块进行实验对比，其视觉评估和定量分析如图 11-8 第四行所示。从实验结果可以看出，添加 ECA 模块进行注意力约束生成的字体具有更好的笔画细节信息，这表明 ECA 模块可以捕获更多的相邻通道信息特征，从而有效地保留字形的细节。此外，通过在 baseline 算法基础上添加 ECA

模块，获得了比 baseline 算法和仅具有 DC 模块约束的模型更高的 SSIM、PSNR 和更低的 MSE，生成结果更好。

(3) 基于注意力的多尺度特征融合(AMF)模块。为了评估基于注意力的多尺度特征融合模块对字体风格修正网络的影响，本章设计了基于 AFM 模块和剥离 AMF 模块的字体风格修正网络实验，其实验结果如图 11-8 第五行所示。实验结果表明，在 SRN 中添加 AMF 模块所生成的字体具有更多的细节笔画信息，可以生成更逼真更高质量的字体，其具有较低的 MSE 值，较高的 PSRN 和 SSIM。

图 11-8 中第六到八行分别为 DC、ECA 和 AMF 三个模块在 baseline 算法的基础上组合添加的视觉结果与定量分析结果。实验结果表明，本章算法获得最好的实验结果，整体上其具有最低的 MSE 值和最高的 PSNR 值及较高的 SSIM 值。

模型		MSE	PSNR	SSIM
baseline(Pix2Pix)		0.0359	20.8686	0.7037
baseline +DC		0.0321	21.0434	0.7085
baseline +ECA		0.0266	21.3125	0.7355
baseline +AMF		0.0283	21.2223	0.7572
baseline+DC+ECA		0.0312	21.0911	0.7083
baseline+DC+AMF		0.0268	21.2979	**0.7601**
baseline +ECA+AMF		0.0322	21.0461	0.7129
本章算法		**0.0255**	21.3629	0.7571
目标字体		评价指标		

(a) 欧阳询楷体

模型		MSE	PSNR	SSIM
baseline(Pix2Pix)		0.0497	20.4188	0.5979
baseline +DC		0.0506	20.3823	0.6006
baseline +ECA		0.0465	20.5034	0.6186
baseline +AMF		0.0455	20.5242	0.6314
baseline+DC+ECA		0.0495	20.4032	0.6005
baseline+DC+AMF		0.0463	20.4936	0.6314
baseline +ECA+AMF		0.0432	20.6013	0.6246
本章算法		**0.0413**	**20.6674**	**0.6331**
目标字体		评价指标		

(b) 文徵明小楷

模型							MSE	PSNR	SSIM
baseline(Pix2Pix)							0.0192	21.7712	0.8461
baseline +DC							0.0210	21.6445	0.8391
baseline +ECA							0.0183	21.8470	0.8489
baseline +AMF							0.0170	21.9440	0.8602
baseline+DC+ECA							0.0180	21.8573	0.8545
baseline+DC+AMF							0.0175	21.9010	0.8588
baseline +ECA+AMF							0.0167	21.9733	0.8611
本章算法							**0.0156**	**22.0706**	**0.8645**
目标字体							评价指标		

(c) 许锷小楷

图 11-8　消融实验结果对比
粗体数据代表最优指标结果，后文同

11.4.4　与主流算法进行对比分析

为了验证本章所提出算法的有效性，将其与四种经典的字体风格转换算法进行比较，分别是 Pix2Pix[154]、Cycle-GAN[158]、Zi2zi[159]和 FET-GAN[160]。Pix2Pix 是一种经典的基于 GAN 框架的图像转换网络，其采用编码-解码架构。Cycle-GAN 基于循环映射和循环一致性损失实现不同风格图像之间的转换。Zi2zi 是一种专门针对汉字字体风格设计的基于条件生成对抗网络的汉字风格迁移方法，其在模型设计中增加了类别嵌入以提高生成字体的性能。FET-GAN 算法通过将字体风格和字体形状结合起来，设计了一个端到端的字体风格迁移网络。为了对本章所提出算法和对比算法进行公平比较，本章实验均采用对比算法原文献提供的源代码和相应参数进行实验。

11.4.4.1　定性评价

本章算法与其他四种主流的经典算法的视觉实验结果和定性评价结果如图 11-9 所示。其中，图 11-9(a)~(c)第七列中的图像是目标字体，第六列中的图像是通过本章算法生成的字体。与目标字体相比，生成的字体在风格和结构上都与目标字体一致。如图 11-9(a)~(c)所示，本章算法具有更真实和更高质量的字体生成效果，比 Pix2Pix、CycleGAN、Zi2zi 和 FET-GAN 更加接近目标字体。其中，FET-GAN 的生成效果最差，对于部分文字只能产生笔画较细的低质量结果。CycleGAN 显示出比 FET-GAN 更清晰的字体生成结果。虽然 Pix2Pix 生成字体的笔画粗细和风格与目标字体非常相似，但在某些结构复杂的字形生成中存在一些模糊，这可能是因为 Pix2Pix 只考虑邻域映射而没有学习邻域特征。CycleGAN 和 Zi2zi 生成的结果略好于 Pix2Pix 和 FET-GAN，但是，当目标字体中的字形结构比较复杂时，其生成效果存在笔画不清晰的问题，生成字体质量较差。从视觉实验结果可以看出，本章所提出算法可以精确地捕捉到字体整体特征，保证正确地模仿相应的字体结构，并很好地学习目标字体的笔画细节特征，呈现出清晰的、比较满意的字体生成结果。

源字体	Pix2Pix	Cycle-GAN	Zi2zi	FET-GAN	本章算法	目标字体
MSE	0.03385	0.05957	0.05886	0.03961	**0.02463**	评价指标
PSNR	62.899	60.387	60.463	62.2095	**64.274**	
SSIM	0.70012	0.63493	0.66574	0.70543	**0.75203**	

(a) 欧阳询楷体

源字体	Pix2Pix	Cycle-GAN	Zi2zi	FET-GAN	本章算法	目标字体
為君眾聖俱酉金朝衛誦	為君眾聖俱酉金朝衛誦	為君眾聖俱酉金朝衛誦	為君眾聖俱酉金朝衛誦	為君眾聖俱酉金朝衛誦	為君眾聖俱酉金朝衛誦	為君眾聖俱酉金朝衛誦
MSE	0.04327	0.06681	0.04527	0.08212	**0.03969**	
PSNR	20.6000	19.9837	20.5397	19.6744	**20.7270**	评价指标
SSIM	0.62091	0.57353	**0.67447**	0.62665	0.65338	

(b) 文徵明小楷

源字体	Pix2Pix	Cycle-GAN	Zi2zi	FET-GAN	本章算法	目标字体
圗而相謂萬彼榷斁欨敨	圗而相謂萬彼榷斁欨敨	圗而相謂萬彼榷斁欨敨	圗而相謂萬彼榷斁欨敨	圗而相謂萬彼榷斁欨敨	圗而相謂萬彼榷斁欨敨	圗而相謂萬彼榷斁欨敨
MSE	0.02066	0.05551	0.02066	0.03524	**0.01701**	评价指标
PSNR	61.0199	60.7003	61.0199	**62.7581**	61.8829	
SSIM	0.83172	0.71489	0.83172	0.80537	**0.85497**	

(c) 许锷小楷

图 11-9　本章算法与主流算法的实验结果对比

11.4.4.2　定量分析

为了定量分析生成字体的效果，本章基于 MSE、PSNR 和 SSIM 三个评价指标对所提出算法和其他四种经典的对比算法进行对比分析。其实验结果如图 11-10 和表 11-1 所示。从实验结果可以看出，本章算法相比于对比算法，获得最小的 MSE 值，最大的 SSIM 值，证明了所提出算法的有效性。

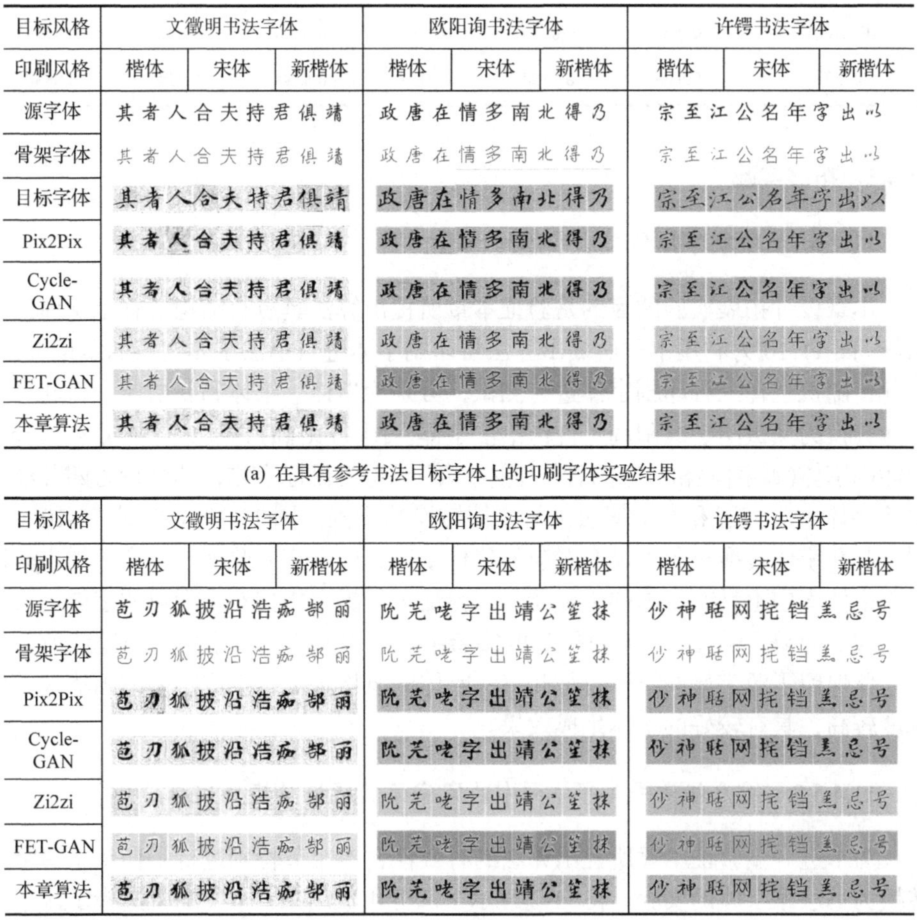

目标风格	文徵明书法字体			欧阳询书法字体			许锷书法字体		
印刷风格	楷体	宋体	新楷体	楷体	宋体	新楷体	楷体	宋体	新楷体
源字体	其者人合夫持君俱靖			政唐在情多南北得乃			宗至江公名年字出以		
骨架字体	其者人合夫持君俱靖			政唐在情多南北得乃			宗至江公名年字出以		
目标字体	其者人合夫持君俱靖			政唐在情多南北得乃			宗至江公名年字出以		
Pix2Pix	其者人合夫持君俱靖			政唐在情多南北得乃			宗至江公名年字出以		
Cycle-GAN	其者人合夫持君俱靖			政唐在情多南北得乃			宗至江公名年字出以		
Zi2zi	其者人合夫持君俱靖			政唐在情多南北得乃			宗至江公名年字出以		
FET-GAN	其者人合夫持君俱靖			政唐在情多南北得乃			宗至江公名年字出以		
本章算法	其者人合夫持君俱靖			政唐在情多南北得乃			宗至江公名年字出以		

(a) 在具有参考书法目标字体上的印刷字体实验结果

目标风格	文徵明书法字体			欧阳询书法字体			许锷书法字体		
印刷风格	楷体	宋体	新楷体	楷体	宋体	新楷体	楷体	宋体	新楷体
源字体	芭刃狐披沿浩疬邸丽			阢芜咾字出靖公笙抹			伲神聒网挖铛羔怠号		
骨架字体	芭刃狐披沿浩疬邸丽			阢芜咾字出靖公笙抹			伲神聒网挖铛羔怠号		
Pix2Pix	芭刃狐披沿浩疬邸丽			阢芜咾字出靖公笙抹			伲神聒网挖铛羔怠号		
Cycle-GAN	芭刃狐披沿浩疬邸丽			阢芜咾字出靖公笙抹			伲神聒网挖铛羔怠号		
Zi2zi	芭刃狐披沿浩疬邸丽			阢芜咾字出靖公笙抹			伲神聒网挖铛羔怠号		
FET-GAN	芭刃狐披沿浩疬邸丽			阢芜咾字出靖公笙抹			伲神聒网挖铛羔怠号		
本章算法	芭刃狐披沿浩疬邸丽			阢芜咾字出靖公笙抹			伲神聒网挖铛羔怠号		

(b) 在不具有参考书法目标字体上的印刷字体实验结果

图 11-10　印刷字体数据集上的实验结果

表 11-1　实验评估结果

算法	MSE			SSIM		
	文徵明书法字体	欧阳询书法字体	许锷书法字体	文徵明书法字体	欧阳询书法字体	许锷书法字体
Pix2Pix	0.0495	0.0292	0.0189	0.6240	0.7256	0.8518

续表

算法	MSE			SSIM		
	文徵明书法字体	欧阳询书法字体	许锷书法字体	文徵明书法字体	欧阳询书法字体	许锷书法字体
CycleGAN	0.0821	0.0562	0.0506	0.5815	0.6663	0.7426
Zi2zi	0.0626	0.0358	0.0179	0.6272	0.7314	0.8533
FET-GAN	0.0705	0.0529	0.0341	0.6136	0.7018	0.8154
本章算法	**0.0490**	**0.0258**	**0.0171**	**0.6281**	**0.7541**	**0.8536**

11.4.5　拓展实验

11.4.5.1　印刷字体到书法字体的风格转换

本章设计拓展实验的目的是验证本章所提出算法具有自动构造补全字体库的功能。图 11-10 为利用本章所提出算法将印刷字体进行书法字体生成的示例结果。在此，随机选择三种印刷字体进行测试，分别为楷体、宋体和新楷体，将此三种字体转换为文徵明、欧阳询、许锷书法字体。图 11-10(a)中第 3 行和第 4 行分别为印刷字体(源字体)和对应的骨架字体，第 5 行为目标字体，其余行为四种经典主流字体生成算法和本章算法进行字体转换的示例。图 11-10(b)与图 11-10(a)不同，其在字体转换过程中没有对应的目标字体，即本实验验证了本章所提出算法对于字体库中不具有字体的生成能力，验证了所提出模型对未学习的字体进行书法生成的效果。从图 11-10(a)和(b)的实验结果可以看出，本章所提出算法所合成的字体保留了源字体的结构特征和书法字体的风格特征，生成字体笔画清晰，保真度较高，具有较好的字体生成效果。

11.4.5.2　用户任意手写字体到书法家字体的风格转换

为了进一步验证本章所提出算法的有效性，本小节特别进行了任意手写字体转换为书法家字体的实验。表 11-2 显示了部分生成结果。本章随机选择了四个用户，在没有经过培训的情况下，将他们的手写字体转换为书法家字体。从表 11-2 中可以看出，本章算法取得了很好的字体风格转换结果。即使是笔画很细甚至结构不规则的手写字体，如表 11-2 所示的合成字体也与目标书法字体相似，笔画清晰，看起来很逼真。这进一步验证了本章所提出算法可以应用于其他字体生成任务，使普通用户生成名家书法字体变成了可能。

表 11-2　用户任意手写字体风格转换的实验结果

字体	用户 1	用户 2	用户 3	用户 4
源字体(手写字体)				
文徵明书法字体				
欧阳询书法字体				
许锷书法字体				

11.5　本 章 小 结

　　本章提出了一个基于骨架信息的汉字字体生成方法。为了创造出既具有丰富笔画细节结构，又充满真实感的目标风格字体，本章采取了将字体生成模型分解为两个关键部分的方法：字体骨架合成网络(SSN)和字体风格修正网络(SRN)。在SSN 的编码阶段，本章引入了膨胀卷积技术，以应对笔画细节信息在提取过程中可能发生的丢失问题，从而增强笔画特征的表示能力。在解码阶段，本章运用了高效通道注意力机制，以更好地保留笔画的空间结构信息，确保生成的字体骨架既逼真又精细。此外，为了有效地从多分辨率的特征中筛选出关键信息，本章采用了基于注意力的多尺度特征融合模块，并融入 SRN 中，帮助逐步精细调整预测字体的笔画风格，使其更加符合目标风格。实验结果表明，本章算法具有将任意笔迹转换为书法家字体的能力，在视觉定性分析和评价指标定量分析两方面均取得较好的效果。

第六篇

应用篇

第 12 章　应用平台开发

12.1　引　　言

为了进一步说明本书研究的意义，以本书中涉及的研究算法为核心，开发相应的软件平台，进行拓展应用。本章涉及的研究内容主要应用于：①陕西师范大学音乐学院的舞蹈教学，为此基于本书涉及的姿态估计算法，开发一套舞蹈动作相似度计算软件，辅助舞蹈教学；②对国家重点研发计划项目的关键技术——人体动作形式化描述技术进行研究，开发一个基于人工智能算法的传统文化"活化"交互平台，应用到陕北民歌博物馆等体验项目中；③基于骨架信息汉字字体的自动生成研究，开发一个人工智能数字书法创作交互平台，应用于国家重点研发计划项目的体验项目中。

12.2　舞蹈动作相似度计算与对比分析平台

12.2.1　舞蹈动作姿态估计与对比分析的意义

舞蹈是文化的重要表现形式之一，舞蹈教学有助于文化教育，不仅能够提升文化素养，还能够提升认识和领悟美的品位。在我国的舞蹈教学环境中，常常出现课堂人数众多的情况，导致教师只能依靠学生的身体动作和面部表情来大致判断其动作执行水平和心理状态。因此，教师很难准确地把握学生对舞蹈动作的实时掌握程度。

舞蹈是一门特殊的学科，与其他学科存在很大的区别。一般的学科只需要教师课堂上讲解和学生认真听讲加以理解就可以学习，但是舞蹈却要用肢体来动态呈现。此外，舞蹈动作复杂多变，连贯性强，遮挡问题严重，舞蹈课堂场景中多存在遮挡、光线变化及相机视角变化等干扰因素，极大地增加了舞蹈动作识别的难度。因此，传统动作识别方法存在难以准确表达舞蹈者动作变化的问题。基于这种认识，探索如何利用信息技术使教师能够迅速地获取学生在舞蹈课堂上的学习状态信息，通过分析学生动作的进步来调整教学策略，实施更加个性化的教学，从而提升学生吸收知识的效率，这代表着现代教育科学的重要发展趋势。人工智能的引入使动态检测实时更新学生的舞蹈动作变化成为可能。人工智能以动态视角对待学生接受舞蹈教学的程度，可以实现对师生教学行为的实时数据采集和个性分析，让教师更精准地了解学生的学习情况，调节课堂节奏，设计合理科学的教学方案，实现更有效的教学，提高教学质量。

12.2.2　舞蹈动作相似度计算软件平台

舞蹈动作相似度计算软件平台是基于第二至四篇的研究设计和开发的，如图 12-1(a)所示，主要用于①自助舞蹈教学；②辅助舞蹈教学；③专业舞者动作纠正。图 12-1(b)和(c)为本书算法进行舞蹈动作姿态估计和跟踪的结果示意图。开发的舞蹈动作姿态估计与对比系统采用本书研发的算法，实时追踪舞者的动作，并

(a) 舞蹈动作相似度计算软件平台

(b) 舞蹈动作姿态估计结果示意图

(c) 舞蹈动作姿态跟踪结果示意图

(d) 舞蹈动作姿态估计和纠正结果示意图

图 12-1　舞蹈动作相似度计算软件平台演示

将其与标准动作进行对照。该系统能够即时对舞者的动作执行标准性进行定量和定性评估，并依据评估结果提供即时反馈与建议。最终，该系统能够帮助舞者实时校正动作姿态，从而显著提升舞蹈学习效果。图 12-1(d)展示了该系统进行舞蹈动作姿态估计和纠正结果的示意图。

12.3　人工智能传统文化"活化"交互平台

12.3.1　传统文化元素"活化"的意义

中华民族文化资源丰富、种类繁多、艺术形式多样，源于民族，植根民间，承载着历史记忆，延续着文化血脉，是中华民族的根与魂。随着时代进步，文化资源传承形式发生了根本性变化，大量优秀传统文化面临消亡，"文化同质化"现象加剧，这就迫切需要探寻有效的途径来保护、传承文化，深入挖掘中华民族文化资源的商业价值与艺术价值，融入时代要素，使其发扬光大。用信息技术对文化资源进行保护与传承、开发与利用刻不容缓，责任重大。

现有的传统文化体验系统，市面上绝大部分是使用虚拟现实技术建设虚拟场馆，但虚拟现实技术需要用到专业的设备才可以实现，对硬件要求比较高。针对上述问题，可利用人工智能技术来创新文化传承方式。

12.3.2　人工智能传统文化"活化"交互平台软件

本章利用本书所研究的成果，开发了一个人工智能传统文化"活化"交互平台，该平台通过人工智能技术展示传统文化，方便人们进行传统文化的学习和体验，包括剪纸、皮影、飞天、陕北腰鼓、陕北秧歌 5 个传统文化的科技展示，使用户可以直观地接触不同的展现形式和互动效果。图 12-2 呈现了所开发的人工智能传统文化"活化"交互平台，涉及数字剪纸、数字飞天、数字皮影、数字陕北腰鼓以及数字陕北秧歌。图 12-3 则具体展示这些数字化传统艺术的体验场景，每种艺术形式都有其独特的呈现方式，让用户能够直观地感受到传统文化在数字时代的创新表达。

图 12-2　人工智能传统文化"活化"交互平台

用户可以根据分类进行选择体验，如图 12-3 为人工智能传统文化"活化"交互平台人机交互体验项目。如图 12-3(a)所示，通过摄像头实时捕捉体验者的姿态，然后利用姿态估计算法对体验者的姿态进行实时估计，最后将体验者的动作姿态与飞天的骨骼进行匹配绑定，让飞天按照体验者的动作姿态实时变化，实现飞天的"活化"。

(a) 数字飞天交互　　　　　　　　　　　(b) 数字陕北秧歌交互

(c) 数字皮影交互　　　　　　　　　　　(d) 数字陕北腰鼓交互

图 12-3　人工智能传统文化"活化"交互平台人机交互体验项目

12.4　人工智能数字书法创作交互平台

12.4.1　数字书法创作的意义

汉字书法作品不仅承载着从古至今一代又一代的文字，还承载着一代又一代的中华文化。传统书法作品多在纸张或石碑上书写，容易风化腐蚀，珍贵的书法作品现在多存在于博物馆中，在博物馆中进行专业保护和珍藏，普通人一般无法真正触及这些珍贵的书法作品，只能通过各种媒介，如书籍、计算机、手机等欣赏书法艺术瑰宝。随着科技发展和社会进步，越来越多的交互设备和应用不断涌现，如虚拟博物馆、数字艺术馆等，这些交互技术跨越时间限制和空间地域限制，让人们足不出户就可以感受到世界各地的艺术魅力。为了使书法艺术走进人们的生活，使人们通过用笔即可生成书法家字体，让书法临摹便捷生动，从而助力于书法学习，本章设计了人工智能数字书法创作交互平台，实现了用户仅通过鼠标模拟书写用笔即可生成相应的书法家字体。

12.4.2 人工智能数字书法创作交互平台软件

本章所设计的人工智能数字书法创作交互平台是一种基于人工智能技术的数字书法交互系统，用于解决传统书法作品难以保存和发展的难题。本系统基于第5章的研究成果构建文徵明、欧阳询、赵孟頫和启功四位书法家字体的网络模型。用户通过外接设备——鼠标书写字体，本系统获得用户书写笔迹，然后通过调用不同的书法家字体对应的网络模型，实现用户字体到书法家字体的风格转换，并最终通过界面书法字体生成结果。

本系统目前包含四种书法家字体，其书法家字体选择界面使用四个书法家图像为四个功能键，点击图像即可进入相应书法家字体创作界面，用户使用鼠标在白色方框内进行书写即可生成相应的书法家字体。

书法家字体生成示例如图 12-4 所示。

(a) 文徵明字体生成效果

(b) 欧阳询字体生成效果

(c) 赵孟頫字体生成效果

(d) 启功字体生成效果

图 12-4 书法家字体生成示例

12.5　本　章　小　结

本章以本书第一到五篇的研究内容为核心算法，实现了舞蹈动作相似度计算软件平台、人工智能传统文化"活化"交互平台以及人工智能数字书法创作交互平台的开发。将算法研究与实际应用结合起来，积极思考如何将人工智能算法与传统文化结合，创新文化的传承与体验方式，更好地服务于文化传承与传播。

参 考 文 献

[1] MEI X, LING H. Robust visual tracking using ℓ_1 minimization[C]. IEEE International Conference on Computer Vision, Kyoto, 2009: 1436-1441.

[2] ZHANG T, GHANEM B, LIU S, et al. Low-rank sparse learning for robust visual tracking[C]. Proceedings of the 13th European Conference on Computer Vision, Florence, 2012: 470-484.

[3] ZHANG T, GHANEM B, LIU S, et al. Robust visual tracking via structured multi-task sparse learning[J]. International Journal of Computer Vision, 2013, 101(2): 367- 381.

[4] LIU B, HUANG J, YANG L, et al. Robust tracking using local sparse appearance model and K-selection[C]. IEEE Conference on Computer Vision and Pattern Recognition, Colorado, 2011: 1311-1320.

[5] LIU B Y, YANG L, HUANG J, et al. Robust and fast collaborative tracking with two stage sparse optimization[C]. European Conference on Computer Vision, Heraklion, 2010: 622-637.

[6] ZHONG W, LU H, YANG M H. Robust object tracking via sparsity-based collaborative model[C]. IEEE Conference on Computer Vision and Pattern Recognition, Providence, 2012: 1838-1843.

[7] 杨红红, 曲仕茹, 米秀秀. 基于权值分配及多特征表示的在线多示例学习跟踪[J]. 北京航空航天大学学报, 2016, 42(10):2146-2154.

[8] GKIOXARI G, TOSHEV A, JAITLY N. Chained predictions using convolutional neural networks[C]. The European Conference on Computer Vision, Amsterdam, 2016: 728-743.

[9] SUN K, LAN C, XING J, et al. Human pose estimation using global and local normalization[C].IEEE International Conference on Computer Vision, Venice, 2017: 5600-5608 .

[10] 杨红红, 曲仕茹. 基于稀疏约束深度学习的交通目标跟踪[J]. 中国公路学报, 2016, 29(6): 251-261.

[11] MORENONOGUER F, SANFELIU A, SAMARAS D. Dependent multiple cue integration for robust tracking[J]. IEEE Transactions on Pattern Analysis & Machine Intelligence, 2008, 30(4): 670-683.

[12] ROSS D A, LIM J, LIN R S, et al. Incremental learning for robust visual tracking[J]. International Journal of Computer Vision, 2008, 77(1-3): 123-141.

[13] BABENKO B, YANG M H, BELONGIE S. Visual tracking with online multiple instance learning[J]. IEEE Transactions on Pattern Analysis & Machine Intelligence, 2009, 33(8): 981-990.

[14] GRABNER H, GRABNER M, BISCHOF H. Real-time tracking via on-line boosting[C]. British Machine Vision Conference, Edinburgh, 2013: 47-56.

[15] KWON J, LEE K M. Visual tracking decomposition[C]. Computer Vision and Pattern Recognition, San Francisco, 2010: 1269-1276.

[16] EVERINGHAM M, GOOL L V, WILLIAMS C K I, et al. The pascal visual object classes (voc) challenge[J]. International Journal of Computer Vision, 2010, 88(2): 301-338.

[17] BABENKO B, YANG M H, BELONGIE S. Robust object tracking with online multiple instance learning[J]. IEEE Transactions on Pattern Analysis & Machine Intelligence, 2011, 33(8): 1619-1634.

[18] LIN R S, ROSS D A, LIM J, et al. Adaptive discriminative generative model and its applications[C]. Neural Information Processing Systems, Vancouver, 2004: 801-808.

[19] ZHANG K, SONG H. Real-time visual tracking via online weighted multiple instance learning[J]. Pattern Recognition, 2013, 46(1): 397-411.

[20] XU X, FRANK E. Logistic regression and boosting for labeled bags of instances[J]. Lecture Notes in Computer Science, 2004, 3056(3): 272-281.

[21] ZHOU T, LU Y, QIN M. Online visual tracking using multiple instance learning with instance significance estimation[J]. Computer Science, 2015: 1692-1698.

[22] ZHANG K, ZHANG L, YANG M H. Real-time object tracking via online discriminative feature selection[J]. IEEE Transactions on Image Processing A Publication of the IEEE Signal Processing Society, 2013, 22(12): 4662-4677.

[23] ALEXE B, DESELAERS T, FERRARI V. What is an object?[C]. IEEE Conference on Computer Vision and Pattern Recognition, San Francisco, 2010: 71-80.

[24] ALEXE B, DESELAERS T, FERRARI V. Measuring the objectness of image windows[J]. IEEE Transactions on Pattern Analysis & Machine Intelligence, 2012, 34(11): 2189.

[25] GRABNER H, LEISTNER C, BISCHOF H. Semi-supervised on-line boosting for robust tracking[C]. European Conference on Computer Vision, Marseille, 2008: 232-247.

[26] ZHANG K, ZHANG L, YANG M H. Real-time compressive tracking[C]. European Conference on Computer Vision, Florence, 2012: 862-877.

[27] ZHANG K, ZHANG L, YANG M H. Fast compressive tracking[J]. IEEE Transactions on Pattern Analysis & Machine Intelligence, 2014, 36(10): 2002-2013.

[28] 刘威, 赵文杰, 李成. 一种基于压缩感知的在线学习跟踪算法[J]. 光学学报, 2015, 35(9): 184-191.

[29] 杨红红, 曲仕茹. 基于压缩感知尺度自适应的多示例交通目标跟踪算法研究[J]. 中国公路学报, 2018,31(6):281-290,316.

[30] 杨红红.稀疏表示及多示例跟踪算法研究及其在视频监控中的应用[D].西安:西北工业大学, 2018.

[31] YANG H H, GAO S, WU X, et al. Online multi-object tracking using KCF based single object tracker with occlusion analysis[J]. Multimedia Systems, 2020, 26:655-669.

[32] HENRIQUES J F, CASEIRO R, MARTINS P , et al. High-speed tracking with kernelized correlation filters[J]. IEEE Transactions on Pattern Analysis & Machine Intelligence, 2015, 37(3):583-596.

[33] WANG M, LIU Y, HUANG Z. Large margin object tracking with circulant feature maps[C]. Proceedings of the IEEE Conference on Computer Vision and Pattern Recognition, Honolulu, 2017: 4021-4029.

[34] BAE S H, YOON K J. Robust Online multi-object tracking based on tracklet confidence and online discriminative appearance learning[C]. Proceedings of the IEEE Conference on Computer Vision and Pattern Recognition, Columbus, 2014: 1218-1225.

[35] FERRYMAN J, SHAHROKN A. Pets2009: Dataset and challenge[C]. 2009 Twelfth IEEE International Workshop on Performance Evaluation of Tracking and Surveillance, Snowbird, 2009: 1-6.

[36] GEIGER A, LENZ P, STILLER C, et al. Vision meets robotics: The KITTI dataset[J]. The International Journal of Robotics Research, 2013, 32(11): 1231-1237.

[37] LEAL-TAIXÉ L, MILAN A, REID I, et al. MOTChallenge 2015: Towards a benchmark for multi-target tracking[C]. IEEE International Conference on Computer Vision Workshop (ICCVW), Santiago, 2015: 544-551.

[38] BERNARDIN K, STIEFELHAGEN R. Evaluating multiple object tracking performance: The Clear Mot metrics[J]. EURASIP Journal on Image and Video Processing, 2008: 1-10.

[39] LEAL-TAIX L, CANTON-FERRER C, SCHINDLER K. Learning by tracking: Siamese CNN for robust target

association [C]. Proceedings of the IEEE Conference on Computer Vision and Pattern Recognition Workshops, Las Vegas, 2016: 33-40.

[40] WANG B, WANG L, SHUAI B, et al. Joint learning of convolutional neural networks and temporally constrained metrics for tracklet association[C]. Proceedings of the IEEE Conference on Computer Vision and Pattern Recognition Workshops, Las Vegas, 2016: 1-8.

[41] CHOI W. Near-online multi-target tracking with aggregated local flow descriptor[C]. IEEE International Conference on Computer Vision, Santiago, 2015: 3029-3037.

[42] MILAN A, SCHINDLER K, ROTH S. Multi-target tracking by discrete-continuous energy minimization[J]. IEEE Transactions on Pattern Analysis and Machine Intelligence, 2015, 38(10): 2054-2068.

[43] MAKSAI A, FUA P. Eliminating exposure bias and loss-evaluation mismatch in multiple object tracking[C]// Proceedings of the IEEE/CVF Conference on Computer Vision and Pattern Recognition. Long Beach: IEEE, 2019: 1-10.

[44] CHEN L, PENG X, REN M. Recurrent metric networks and batch multiple hypothesis for multi-object tracking[J]. IEEE Access, 2018, 7: 3093-3105.

[45] SON J, BAEK M, CHO M, et al. Multi-object tracking with quadruplet convolutional neural networks[C]. IEEE Conference on Computer Vision and Pattern Recognition, Honolulu, 2017:5620-5629 .

[46] MILAN A, REZATOFIGHI S H, DICK A, et al. Online multi-target tracking using recurrent neural networks[C]. Proceedings of the AAAI Conference on Artificial Intelligence, San Francisco, 2017: 1-9.

[47] KIERITZ H, BECKER S, HUBNER W, et al. Online multi-person tracking using integral channel features[C]. 2016 13th IEEE International Conference on Advanced Video and Signal Based Surveillance, Springs, 2016: 122-130.

[48] HONG Y J, LEE C R, YANG M H, et al. Online multi-object tracking via structural constraint event aggregation[C]. IEEE Conference on Computer Vision and Pattern Recognition, Las Vegas, 2016: 1392-1400.

[49] SANCHEZ-MATILLA R,POIESI F,CAVALLARO A. Online multi-target tracking with strong and weak detections[C]. Computer Vision-ECCV 2016 Workshops, Amsterdam, 2016: 84-99.

[50] ZHOU H, OUYANG W, CHENG J, et al. Deep continuous conditional random fields with asymmetric inter-object constraints for online multi-object tracking[J]. IEEE Transactions on Circuits and Systems for Video Technology, 2018, 29(4): 1011-1022.

[51] BAE S H, YOON K J. Confidence-based data association and discriminative deep appearance learning for robust online multi-object tracking[J]. IEEE Transactions on Pattern Analysis and Machine Intelligence, 2017, 40(3): 595-610.

[52] SADEGHIAN A, ALAHI A, SAVARESE S, et al. Tracking the untrackable: Learning to track multiple cues with long-term dependencies[C]. Proceedings of the IEEE International Conference on Computer Vision, Venice, 2017: 300-311.

[53] FANG K, XIANG Y, LI X, et al. Recurrent autoregressive networks for online multi-object tracking[C]. 2018 IEEE Winter Conference on Applications of Computer Vision, Lake Tahoe, 2018: 466-475.

[54] YOON K, KIM D, YOON Y C, et al. Data association for multi-object tracking via deep neural networks[J]. Sensors, 2019,19(3): 559.

[55] XIANG J, ZHANG G, HOU J, et al. Online multi-object tracking based on feature representation and bayesian filtering within a deep learning Architecture[J]. IEEE Access, 2019,7: 27923-27935.

[56] CHU P, FAN H, TAN C C, et al. Online multi-object tracking with instance-aware tracker and dynamic model refreshment[C]. 2019 IEEE Winter Conference on Applications of Computer Vision, Waikoloa, 2019: 161-170.

[57] CHEN J, SHENG H, ZHANG Y, et al. Enhancing detection model for multiple hypothesis tracking[C]. Proceedings of the IEEE Conference on Computer Vision and Pattern Recognition Workshops, Honolulu, 2017: 18-27.

[58] KIM C, LI F, REHG J M, et al. Multi-object tracking with neural gating using bilinear LSTM[C]. Proceedings of the European Conference on Computer Vision, Munich, 2018: 200-215.

[59] BABAEE M, LI Z, RIGOLL G, et al. Occlusion handling in tracking multiple people using RNN[C]. 2018 25th IEEE International Conference on Image Processing, Athens, 2018: 2715-2719.

[60] WEN L, DU D, LI S, et al. Learning non-uniform hypergraph for multi-object tracking[C]. Proceedings of the AAAI Conference on Artificial Intelligence, Honolulu, 2019: 8981-8988.

[61] HENSCHEL R, LEALTAIXE L, CREMERS D, et al. Fusion of head and full-body detectors for multi-object tracking[C]. Proceedings of the IEEE Conference on Computer Vision and Pattern Recognition Workshops, Salt Lake , 2018: 1428-1437.

[62] LEVINKOV E, UHRIG J, TANG S, et al. Joint graph decomposition and node labeling: Problem, algorithms, applications[C] Proceedings of the IEEE Conference on Computer Vision and Pattern Recognition, Honolulu, 2017: 6012-6020.

[63] MA C, YANG C, YANG F, et al. Trajectory factory: Tracklet cleaving and re-connection by deep siamese bi-gru for multiple object tracking[C]. 2018 IEEE International Conference on Multimedia and Expo, San Diego, 2018: 1-6.

[64] TANG S, ANDRILUKA M, ANDRES B, et al. Multiple people tracking by lifted multicut and person reidentification[C]. Proceedings of the IEEE Conference on Computer Vision and Pattern Recognition, Honolulu, 2017: 3539-3548.

[65] FU Z, ANGELINI F, CHAMBERS J, et al. Multi-level cooperative fusion of GM-PHD filters for online multiple human tracking[J]. IEEE Transactions on Multimedia, 2019, 21(9): 2277-2291.

[66] CHU Q, OUYANG W, LI H, et al. Online multi-object tracking using CNN-based single object tracker with spatial-temporal attention mechanism[C]. Proceedings of the IEEE International Conference on Computer Vision, Venice, 2017: 4836-4845.

[67] ZHU J, YANG H, LIU N, et al. Online multi-object tracking with dual matching attention networks[C]. Proceedings of the European Conference on Computer Vision, Munich, 2018: 366-382.

[68] CHEN L, AI H, ZHUANG Z, et al. Real-time multiple people tracking with deeply learned candidate selection and person re-identification[C]. 2018 IEEE International Conference on Multimedia and Expo, San Diego, 2018: 1-6.

[69] LAN L, WANG X, ZHANG S, et al. Interacting tracklets for multi-object tracking[J]. IEEE Transactions on Image Processing, 2018, 27(9): 4585-4597.

[70] BOCHINSKI E, EISELEIN V, SIKORA T. High-speed tracking-by detection without using image information[C]. 2017 14th IEEE International Conference on Advanced Video and Signal Based Surveillance, Lecce, 2017: 1-6.

[71] SHENG H, CHEN J, ZHANG Y, et al. Iterative multiple hypothesis tracking with tracklet-level association[J]. IEEE Transactions on Circuits and Systems for Video Technology, 2018, 29(12): 3660-3672.

[72] SHI X, LING H, PANG Y, et al. Rank-1 tensor approximation for high-order association in multi-target tracking[J]. International Journal of Computer Vision, 2019, 127: 1063-1083.

[73] KEUPER M, TANG S, ANDRES B, et al. Motion segmentation & multiple object tracking by correlation co-clustering[J]. IEEE Transactions on Pattern Analysis and Machine Intelligence, 2018, 42(1): 140-153.

[74] FU Z, FENG P, ANGELINI F, et al. Particle PHD filter based multiple human tracking using online group-structured dictionary learning[J]. IEEE Access, 2018, 6: 14764-14778.

[75] LEE S H, KIM M Y, BAE S H. Learning discriminative appearance models for online multi-object tracking with appearance discriminability measures[J]. IEEE Access, 2018, 6: 67316-67328.

[76] YOON Y, BORAGULE A, SONG Y, et al. Online multi-object tracking with historical appearance matching and scene adaptive detection filtering[C]. 2018 15th IEEE International Conference on Advanced Video and Signal Based Surveillance , Auckland, 2018:1-6.

[77] XU J, CAO Y, ZHANG Z, et al. Spatial-temporal relation networks for multi-object tracking[C]. Proceedings of the IEEE/CVF International Conference on Computer Vision, Seoul, 2019: 3988-3998.

[78] CHEN L, AI H, SHANG C, et al. Online multi-object tracking with convolutional neural networks[C]. 2017 IEEE International Conference on Image Processing, Beijing, 2017: 645-649.

[79] GAN W, WANG S, LEI X, et al. Online CNN-based multiple object tracking with enhanced model updates and identity association[J]. Signal Processing: Image Communication, 2018, 66: 95-102.

[80] FU Z, ANGELINI F, NAQVI S M, et al. GM-PHD Filter based online multiple human tracking using deep discriminative correlation matching[C]. 2018 IEEE International Conference on Acoustics, Speech and Signal Processing, Calgary, 2018: 4299-4303.

[81] LEE S, KIM E. Multiple object tracking via feature pyramid siamese networks[J]. IEEE Access, 2018, 7: 8181-8194.

[82] YANG H H, GUO L, WU X, et al. Scale-aware attention-based multi-resolution representation for multi-person pose estimation[J]. Multimedia Systems, 2022, 28(1): 57-67.

[83] ANDRILUKA M, PISHCHULIN L, GEHLER P, et al. 2D human pose estimation: New benchmark and state of the art analysis[C]. Proceedings of the IEEE Conference on Computer Vision and Pattern Recognition, Columbus, 2014: 3686-3693.

[84] GAVRILESCU M. Recognizing human gestures in videos by modeling the mutual context of body position and hands movement[J]. Multimedia Systems, 2017, 23(3): 381-393.

[85] ZHANG K, HE P, YAO P, et al. DNANet: De-normalized attention based multi-resolution network for human pose estimation[C]. The International Conference on Image Processing , Abu Dhabi, 2020: 1-9.

[86] NEWELL A, YANG K, DENG J. Stacked hourglass networks for human pose estimation[C]. European Conference on Computer Vision, Amsterdam, 2016: 483-499.

[87] CHEN Y, WANG Z, PENG Y, et al. Cascaded pyramid network for multi-person pose estimation[C]. Proceedings of the IEEE Conference on Computer Vision and Pattern Recognition, Salt Lake, 2018:7103-7112.

[88] SUN K, XIAO B, LIU D, et al. Deep high-resolution representation learning for human pose estimation[C]. Proceedings of the IEEE/CVF Conference on Computer Vision and Pattern Recognition, Long Beach, 2019: 5693-5703.

[89] LIN T Y, MAIRE M, BELONGIE S, et al. Microsoft coco: Common objects in context[C]. European Conference on Computer Vision , Zurich, 2014:740-755.

[90] TOMPSON J, GOROSHIN R, JAIN A, et al. Efficient object localization using convolutional networks[C]. IEEE Conference on Computer Vision and Pattern Recognition , Bosto, 2015: 648-656.

[91] CAO Z, MARTINEZ G H, SIMON T, et al. OpenPose: Realtime multi-person 2D pose estimation using part affinity fields[J]. IEEE Transactions on Pattern Analysis and Machine Intelligence, 2019,43(1): 172-186.

[92] KREISS S, BERTONI L, ALAHI A. PifPaf: Composite fields for human pose estimation[C]. Conference on Computer Vision & Pattern Recognition, Long Beach, 2019: 11969-11978.

[93] NIE X, FENG J, ZHANG J, et al. Single-stage multi-person pose machines[C]. IEEE International Conference on Computer Vision and Pattern Recognition , Long Beach, 2019: 6950-6959.

[94] PAPANDREOU G, ZHU T, CHEN L C, et al. PersonLab: Person pose estimation and instance segmentation with a

bottom-up, part-based, geometric embedding model[C]. The European Conference on Computer Vision, Munich, 2018: 282-299.

[95] CHENG B, XIAO B, WANG J, et al. Bottom-up higher-resolution networks for multi-person pose estimation[C]. Conference on Computer Vision & Pattern Recognition, Seattle, 2020: 1-10.

[96] HE K, GKIOXARI G, DOLLÁR P, et al. Mask R-CNN[C]. IEEE International Conference on Computer Vision , Venice, 2017: 2980-2988.

[97] PAPANDREOU G, ZHU T, KANAZAWA N, et al. Towards accurate multi-person pose estimation in the wild[C]. IEEE International Conference on Computer Vision and Pattern Recognition , Honolulu, 2017: 3711-3719.

[98] SUN X, XIAO B, WEI F, et al. Integral human pose regression[C]. The European Conference on Computer Vision , Munich, 2018: 536-553.

[99] FANG H, XIE S, TAI Y, et al. RMPE: Regional multi-person pose estimation[C]. International Conference on Computer Vision, Venice, 2017:2353-2362.

[100] HUANG S, GONG M, TAO D. A coarse-fine network for keypoint localization[C]. IEEE International Conference on Computer Vision , Venice, 2017: 3047-3056.

[101] XIAO B, WU H, WEI Y. Simple baselines for human pose estimation and tracking[C]. European Conference on Computer Vision, Munich, 2018: 472-487.

[102] ZHANG F, ZHU X, DAI H, et al. Distribution-aware coordinate representation for human pose estimation[C]. IEEE International Conference on Computer Vision and Pattern Recognition, Seattle, 2020: 7091-7100.

[103] HU P, RAMANAN D. Bottom-up and top-down reasoning with hierarchical rectified Gaussians[C].IEEE International Conference on Computer Vision and Pattern Recognition, Las Vegas, 2016: 5600-5609.

[104] PISHCHULIN L, INSAFUTDINOV E, TANG S, et al. DeepCut: Joint subset partition and labeling for multi person pose estimation[C]. IEEE International Conference on Computer Vision and Pattern Recognition, Las Vegas, 2016: 4929-4937.

[105] TANG Z, PENG X, GENG S, et al. Quantized densely connected U-Nets for efficient landmark localization[C].The European Conference on Computer Vision, Munich, 2018: 348-364.

[106] NING G, ZHANG Z, HE Z. Knowledge-guided deep fractal neural networks for human pose estimation[J]. IEEE Transactions, Multimedia, 2018, 20(5): 1246-1259.

[107] LUVIZON D C, TABIA H, PICARD D. Human pose regression by combining indirect part detection and contextual information[C]. IEEE International Conference on Computer Vision and Pattern Recognition, Honolulu, 2017: 15-22.

[108] CHOU C J, CHIEN J T, CHEN H T. Self adversarial training for human pose estimation[C]. IEEE International Conference on Computer Vision and Pattern Recognition Workshops , Honolulu, 2017: 1-14.

[109] LIFSHITZ I, FETAYA E, ULLMAN S. Human pose estimation using deep consensus voting[C]. The European Conference on Computer Vision , Amsterdam, 2016: 246-260.

[110] YANG W, LI S, OUYANG W, et al. Learning feature pyramids for human pose estimation[C]. IEEE International Conference on Computer Vision , Venice, 2017: 1290-1299.

[111] KE L, CHANG M C, QI H, et al. Multi-scale structure-aware network for human pose estimation[C]. The European Conference on Computer Vision , Munich, 2018: 731-746 .

[112] TANG W, YU P, WU Y. Deeply learned compositional models for human pose estimation[C]. The European Conference on Computer Vision, Munich, 2018:197-214.

[113] 杨丹妮. 传统文化传承视角下的民族民间舞蹈发展问题探讨[J].北方音乐, 2019(5):241-242.

[114] JOSEPH R, ALI F. YOLOv3: An incremental improvement[C]. IEEE International Conference on Computer Vision and Pattern Recognition, Salt Lake, 2018:1-6.

[115] 王伟楠, 张荣, 郭立君. 结合稀疏表示和深度学习的视频中 3D 人体姿态估计[J]. 中国图象图形学报, 2020, 25(3): 456-467.

[116] ZHENG C, ZHU S, MENDIETA M, et al. 3D human pose estimation with spatial and temporal transformers[C]. IEEE International Conference on Computer Vision, Montreal, 2021: 11656-11665.

[117] IONESCU C, PAPAVA D, OLARU V, et al. Human3.6M: Large scale datasets and predictive methods for 3D human sensing in natural environments[J]. IEEE Transactions on Pattern Analysis and Machine Intelligence, 2014, 36(7): 1325-1339.

[118] MARTINEZ J, HOSSAIN R, ROMERO J, et al. A simple yet effective baseline for 3d human pose estimation[C]. Proceedings of the IEEE International Conference on Computer Vision, Venice, 2017: 2640-2649.

[119] FANG H S, XU Y L, WANG W G, et al. Learning pose grammar to encode human body configuration for 3D pose estimation[C].Proceedings of the AAAI Conference on Artificial Intelligence, New Orleans, 2018: 6821-682.

[120] XU T, TAKANO W. Graph stacked hourglass networks for 3D human pose estimation[C]. Proceedings of the IEEE Conference on Computer Vision and Pattern Recognition, Nashville, 2021:16105-16114.

[121] HOSSAIN M R I, LITTLE J J. Exploiting temporal information for 3D human pose estimation[C]. Proceedings of the European Conference on Computer Vision, Munich, 2018:68-84.

[122] PAVLLO D, FEICHTENHOFER C, GRANGIER D, et al. 3D human pose estimation in video with temporal convolutions and semi-supervised training[C]. Proceedings of the IEEE Conference on Computer Vision and Pattern Recognition, Long Beach, 2019:7745-7754.

[123] ZOU Z, TANG W. Modulated graph convolutional network for 3D human pose estimation[C]. Proceedings of the IEEE International Conference on Computer Vision, Montreal, 2021:11477-11487.

[124] CAI Y, GE L, LIU J, et al. Exploiting spatial-temporal relationships for 3D pose estimation via graph convolutional networks[C]. Proceedings of the IEEE International Conference on Computer Vision, Seoul, 2019:2272-2281.

[125] LIU J, GUANG Y, ROJAS J. GAST-net: Graph attention spatio-temporal convolutional networks for 3D human pose estimation in video[C]. Proceedings of the IEEE Conference on Computer Vision and Pattern Recognition, Seattle, 2020:1-13.

[126] YEH R, HU Y T, SCHWING A. Chirality nets for human pose regression[C]. Proceedings of the 33rd International Conference on Neural Information Processing Systems, Vancouver, 2019: 8163-8173.

[127] LIN J, LEE G H. Trajectory space factorization for deep video-based 3D human pose estimation[C]. Proceedings of the British Machine Vision Conference (BMVC), Cardiff, 2019: 1-12.

[128] WANG J, YAN S, XIONG Y, et al. Motion guided 3d pose estimation from videos[C]. European Conference on Computer Vision 2020, Virtual Event ,Glasgow, 2020:764-780.

[129] LIN K, WANG L, LIU Z. End-to-end human pose and mesh reconstruction with transformers[C]. Proceedings of the IEEE/CVF Conference on Computer Vision and Pattern Recognition, Nashville, 2021: 1954-1963.

[130] LI W, LIU H, DING R, et al. Exploiting temporal contexts with strided transformer for 3d human pose estimation[J]. IEEE Transactions on Multimedia, 2022, 25: 1282-1293.

[131] GONG K, ZHANG J, FENG J. PoseAug: A differentiable pose augmentation framework for 3d human pose estimation[C]. Proceedings of the IEEE/CVF Conference on Computer Vision and Pattern Recognition, Nashville, 2021: 8575-8584.

[132] XU J, YU Z, NI B, et al. Deep kinematics analysis for monocular 3D human pose estimation[C]. Proceedings of the IEEE/CVF Conference on Computer Vision and Pattern Recognition, Seattle, 2020: 899-908.

[133] LIU R, SHEN J, WANG H, et al. Attention mechanism exploits temporal contexts: Real-time 3d human pose reconstruction[C]. Proceedings of the IEEE/CVF Conference on Computer Vision and Pattern Recognition, Seattle, 2020: 5064-5073.

[134] CHEN T, FANG C, SHEN X, et al. Anatomy-aware 3d human pose estimation with bone-based pose decomposition[J]. IEEE Transactions on Circuits and Systems for Video Technology, 2021, 32(1): 198-209.

[135] MOON G, CHANG J Y, LEE K M. Camera distance-aware top-down approach for 3D multi-person pose estimation from a single rgb image[C]. Proceedings of the IEEE/CVF International Conference on Computer Vision, Seoul, 2019: 10133-10142.

[136] KIPF T N, WELLING M. Semi-supervised classification with graph convolutional networks[C]// Proceedings of the International Conference on Learning Representations (ICLR). Toulon: ICLR, 2017.

[137] WU Y, KONG D, WANG S, et al. HPGCN: Hierarchical poselet-guided graph convolutional network for 3D pose estimation[J]. Neurocomputing, 2022, 487: 243-256.

[138] VASWANI A, SHAZEER N, PARMAR N, et al. Attention is all you need[J]. Advances in Neural Information Processing Systems, 2017, 30: 5998-6008.

[139] ZHAO L, PENG X, TIAN Y, et al. Semantic graph convolutional networks for 3d human pose regression[C]. Proceedings of the IEEE/CVF Conference on Computer Vision and Pattern Recognition, Long Beach, 2019: 3425-3435.

[140] LI H, SHI B, DAI W, et al. Hierarchical graph networks for 3D human pose estimation[C]//32nd British Machine Vision Conference 2021.Cardiff: BMVA Press, 2021.

[141] LI S C, KE L, PRATAMA K, et al. Cascaded deep monocular 3D human pose estimation with evolutionary training data[C]. Proceedings of the IEEE/CVF Conference on Computer Vision and Pattern Recognition, Seattle, 2020: 6173-6183.

[142] ZOU Z M, LIU K K, WANG L, et al. High-order graph convolutional networks for 3D human pose estimation[C]. British Machine Vision Conference, Virtual Event, 2020: 1-3, 6.

[143] LIU K K, DING R Q, ZOU Z M, et al. A comprehensive study of weight sharing in graph networks for 3d human pose estimation[C]. European Conference on Computer Vision 2020, Virtual Event , Glasgow, 2020: 318-334.

[144] ZENG A L, SUN X, YANG L, et al. Learning skeletal graph neural networks for hard 3D pose estimation[C]. Proceedings of the IEEE/CVF International Conference on Computer Vision, Montreal, 2021: 11436-11445.

[145] CHEN X P, LIN K Y, LIU W T, et al. Weakly-supervised discovery of geometry-aware representation for 3D human pose estimation[C]. Proceedings of the IEEE Conference on Computer Vision and Pattern Recognition, Long Beach, 2019: 10895-10904.

[146] MEHTA D, RHODIN H, CASAS D, et al. Monocular 3d human pose estimation in the wild using improved cnn supervision[C]. 2017 International Conference on 3D Vision, Qingdao, 2017: 506-516.

[147] 郭辰琳. 舞蹈教育数字化开发应用研究[D]. 昆明: 云南艺术学院, 2015.

[148] 郭龙飞, 杨红红, 吴晓军, 等. 一种基于姿态估计的动作相似性计算方法[J]. 陕西师范大学学报, 2021, 49(5): 94-100.

[149] 陈利峰. 舞蹈视频图像中人体动作识别技术的研究[J]. 现代电子技术, 2017, 40(3): 51-53, 57.

[150] 毕雪超. 基于空间骨架时序图的舞蹈特定动作识别方法[J]. 信息技术, 2019, 43(11): 16-19, 23.

[151] 李红竹. 舞蹈视频图像中动作识别方法研究[J]. 电视技术, 2018, 42(7): 34-37, 52.

[152] 宗立波, 宋一凡, 王熠明, 等. 体育视频分析中姿态估计进展的综述[J]. 小型微型计算机系统, 2020, 41(8): 1751-1757.

[153] 田本良. 汉字对象形文字的继承和书法艺术发展的内在依据[J]. 中国书法, 2000(3):49-53.

[154] ISOLA P, ZHU J Y, ZHOU T, et al. Image-to-image translation with conditional adversarial networks[C]. Computer Vision and Pattern Recognition, Honolulu, 2017: 5967-5976.

[155] JIANG Y, LIAN Z, TANG Y, et al. SCFont: Structure-guided Chinese font generation via deep stacked networks[C]. 2019 AAAI Conference on Artificial Intelligence, Honolulu, 2019, 33: 4015-4022.

[156] WANG Q, WU B, ZHU P, et al. ECA-net: Efficient channel attention for deep convolutional neural networks[C]. The IEEE Conference on Computer Vision and Pattern Recognition, Seattle, 2020:1-9.

[157] WANG Z, BOVIK A C, SHEIKH H R, et al. Image quality assessment: From error visibility to structural similarity[J]. IEEE Transactions on Image Processing, 2004, 13(4): 600-612.

[158] ZHU J Y, PARK T, ISOLA P, et al. Unpaired image-to-image translation using cycle-consistent adversarial networks[C]. Proceedings of the IEEE International Conference on Computer Vision, Venice, 2017: 2223-2232.

[159] TIAN Y. Zi2zi: Master Chinese calligraphy with conditional adversarial networks[CP/OL].(2017-04-06). https://github. com/kaonashi-tyc/zi2zi.

[160] LI W, HE Y, QI Y, et al. FET-GAN: Font effect transfer via K-shot adaptive instance normalization[C]. Proceedings of the AAAI Conference on Artificial Intelligence, New York, 2020:34-42.